本书受到江苏高校优势学科建设工程（三期）资助项目（No.PAPD-2018-87）、国家自然科学基金青年项目（51905221）、江苏省自然科学基金青年项目（BK20190859）、中国博士后科学基金特别资助项目（2020T130260）、中国博士后科学基金面上项目（2019M651746）、江苏省高等学校自然科学基金面上项目（19KJB210009）、2020年度江苏省科协青年科技人才托举工程（2020-21）、江苏省博士后日常资助项目（2019Z106）、江苏省现代农业装备与技术协同创新中心开放基金（4091600027）和镇江市重点研发技术－现代农业（NY2021009）等项目的资助。

水稻联合收获机多风道清选装置
设计方法及清选损失控制技术

DESIGNING METHOD
OF THE MULTI-DUCT AIR-AND-SCREEN CLEANING
UNIT AND GRAIN SIEVE LOSS CONTROL TECHNOLOGY
FOR RICE COMBINE HARVESTERS

梁振伟　著

U0203135

江苏大学出版社
JIANGSU UNIVERSITY PRESS

镇江

图书在版编目(CIP)数据

水稻联合收获机多风道清选装置设计方法及清选损失控制技术 / 梁振伟著. — 镇江：江苏大学出版社，2021.12
ISBN 978-7-5684-1691-7

Ⅰ. ①水… Ⅱ. ①梁… Ⅲ. ①水稻收获机 — 联合收获机 — 清选机 — 研究 Ⅳ. ①S225.4

中国版本图书馆 CIP 数据核字(2021)第 243355 号

本书内容摘要 本书设计了一种由多风道离心风机、双层振动筛和回程输送装置所组成的清选装置并进行了试验,研制了双向隔振结构的籽粒清选损失监测装置,开发了籽粒清选损失多变量模糊控制器,实现了清选装置工作参数的自适应调整,降低了籽粒清选损失。本书对于培养从事收获机械和农业物料清选加工研究的专业技术人才、指导谷物联合收获机产品开发等具有重要的参考价值。

水稻联合收获机多风道清选装置设计方法及清选损失控制技术
Shuidao Lianhe Shouhuoji Duofengdao Qingxuan Zhuangzhi SheJi Fangfa Ji Qingxuan Sunshi Kongzhi Jishu

著　者/梁振伟
责任编辑/王　晶
出版发行/江苏大学出版社
地　址/江苏省镇江市梦溪园巷 30 号(邮编：212003)
电　话/0511- 84446464(传真)
网　址/http：//press.ujs.edu.cn
排　版/镇江文苑制版印刷有限责任公司
印　刷/江苏凤凰数码印务有限公司
开　本/890 mm×1 240 mm　1/32
印　张/5.375　插页 8 面
字　数/205 千字
版　次/2021 年 12 月第 1 版
印　次/2021 年 12 月第 1 次印刷
书　号/ISBN 978-7-5684-1691-7
定　价/56.00 元

如有印装质量问题请与本社营销部联系(电话：0511-84440882)

前　言

　　我国水稻种植面积约 3 000 多万公顷,年产量在 2 亿吨左右,联合收获机在水稻收获环节中发挥着重要作用。清选装置作为联合收获机的"消化系统",是影响整机作业质量、效率的核心工作部件。传统水稻联合收获机上使用的单风道风筛式清选装置在清选含水率高、杂余多、喂入量大的脱出混合物时,清选性能显著下降。另外,传统清选装置的工作参数只能停机后依照经验手工调节,工作参数无法根据清选性能的变化自动调整,清选损失高、适应性差,清选装置已成为制约大喂入量(≥8 kg/s)水稻联合收获机发展的主要瓶颈。为此,本书着重介绍了与大喂入量脱粒分离装置相匹配的清选装置的设计方法及清选损失监测与控制技术,笔者真诚地希望本书能给从事收获机械及物料清选加工研究的工作者提供参考和启发。全书分为 5 章,各章节的主要内容介绍如下:

　　第 1 章在试验分析影响单风道清选装置性能提高的主要原因的基础上,提出了由多风道离心风机、双层振动筛和回程输送装置组成的多风道清选装置配置方案,并推导出了多风道清选装置不同部位气流阻力模型,估算出了清选装置不同部位的阻力系数。

　　第 2 章采用多孔介质模型定义清选负荷对气流的流动阻力,研究了不同结构风机内部及各出风口流场分布随清选负荷的变化规律,绘制出了不同结构风机的压降-流量特性曲线,以此为基础设计了新型多风道离心风机。

第3章构建了清选室气流速度测量系统，获取了不同工作参数下清选室内不同部位的气流速度，阐明了多风道清选室内理想气流场分布模型，并研究了工作参数对清选装置内部不同部位气流速度变化的影响规律。

第4章利用离散单元法研究了籽粒、短茎秆与敏感板间的碰撞力学特性，确定了籽粒损失监测传感器信号处理电路参数范围，研究了敏感板振动特性与检测性能之间的关系，提高了籽粒损失监测传感器的分辨率，建立了清选损失籽粒量监测数学模型，并进行了田间试验。

第5章研制出了具有参数设定、显示、故障报警、数据存储、自动控制和通信等功能的多风道清选装置作业状态监测与控制系统，通过台架试验分析了影响籽粒清选损失的主要因素及其关联性，开发了清选损失多变量模糊控制器，实现了对风机转速和风机分风板角度的自动调节。

本书的完成和出版得到江苏大学收获装备研究院各位同事的大力支持，同时江苏大学出版社各位编辑认真负责的工作精神令我十分感动。由于笔者水平有限，书中难免存在疏漏与不足之处，敬请读者批评指正。

梁振伟

2021 年 12 月 1 日

江苏　镇江　江苏大学

目 录

第1章 基于多孔介质模型的多风道清选装置设计方法

1.1 单风道风筛式清选装置作业性能评价

目前,我国水稻收获机械大多采用风筛式清选装置,即采用气流加往复式振动筛(单层或双层)结构,气流通常由单风道离心风机(或者加装贯流风机)产生,振动筛面采用冲孔筛、鱼鳞筛、编织筛或组合筛等结构。联合收获机工作时,喂入联合收获机的物料经切流脱粒滚筒作用后,产生的脱出混合物经抖动板均布后进入清选室;而经过纵轴流脱粒滚筒作用产生的脱出混合物直接落入清选筛面。进入清选室的脱出混合物在振动筛及风机气流的联合作用下完成籽粒与短茎秆等杂余部分的分离过程,饱满籽粒通过输粮搅龙进入粮箱,短茎秆等杂余被排出机外。二次杂余则经尾筛落入杂余搅龙,被输送到振动筛进行二次清选。现有切纵流联合收获机上配备的清选装置结构如图1.1所示。

试验发现,随着超级稻的大面积推广,水稻亩产增加,采用单风道清选装置的联合收获机在田间收获水稻时,籽粒清选损失及籽粒含杂率相对较高,超过了相关国家标准,因此,需要根据大喂入量水稻联合收获机脱出混合物各成分的特性,研究与之配套的高风压、大能效比多风道高效风选装置。

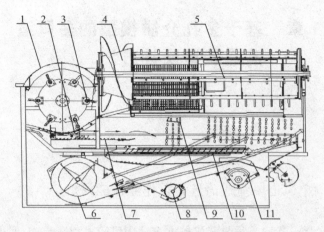

1—切流滚筒顶盖；2—切流滚筒凹板；3—切流滚筒；4—螺旋喂入头；
5—纵轴流滚筒；6—离心风机；7—抖动板；8—输粮螺旋输送器；
9—纵轴流滚筒凹板；10—双层振动清选筛；11—二次杂余螺旋输送器

图 1.1 切纵流联合收获机配备的单风道清选装置结构简图

1.1.1 清选室内水稻脱出混合物及气流场分布规律

1.1.1.1 水稻脱出混合物在单风道清选室内的分布规律

联合收获机脱出混合物在清选筛面的分布对清选性能具有较大影响。当脱出混合物在清选室内分布不均匀时,较厚的脱出混合物料层会阻塞筛孔,进而影响整个清选室内气流的分布情况,无法保证脱出混合物各成分都处于流化状态,清选装置也不能达到最佳作业状态。为了解脱出混合物在清选筛面上的分布情况,在 4LZ-850 型切纵流联合收获机上进行水稻脱粒试验。试验前,抽出振动筛,用相同尺寸的盛满接料盒的托板代替原振动筛。其中,接料盒沿长度方向 14 行、宽度方向 7 行,前 4 行接料盒位于切流滚筒下方,5~14 行接料盒位于纵轴流滚筒下方。无盖接料盒的尺寸为 130 mm×130 mm×130 mm(长×宽×深)。接料盒的布置形式如图 1.2 所示。

试验时,切流滚筒转速为 893 r/min,纵轴流滚筒转速为 849 r/min,切流滚筒间隙为 33 mm,纵轴流滚筒间隙为 14 mm。其他设置为正常收获水稻时的默认值。分别在喂入量为 5,6,

7 kg/s的情况下进行试验,每种喂入量下重复试验三次,取平均值,计算得到每个接料盒中物料质量占待清选物料总质量的比例,取三种喂入量下质量比例的平均值,最终得到清选室内沿筛面长度方向和沿筛面宽度方向的籽粒分布趋势,如图 1.3 所示,脱出混合物在清选室内的分布规律如图 1.4 所示。

结合图 1.4 计算得出,在切流滚筒下,籽粒集中在切流滚筒下的抖动板处,切流滚筒脱粒分离出来的籽粒质量占总籽粒质量的 20%,籽粒质量占该区段脱出混合物质量的 96%,籽粒含杂率较低。在纵轴流滚筒下,脱出混合物中的籽粒质量占筛面上总籽粒质量的 79.1%,且籽粒量沿筛面长度方向逐渐减少;纵轴流滚筒下方脱粒分离出来的籽粒质量占该区段脱出混合物质量的 86.3%,且沿筛面长度方向,杂余逐渐增多。籽粒和杂余在筛面上分布不均匀,呈两侧多、中间少的状态,不利于后续清选作业的进行。

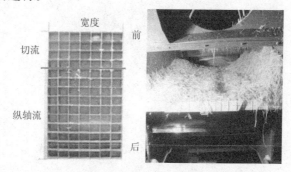

图 1.2　接料盒在清选室内的安放位置

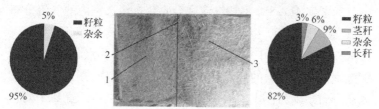

1—切流滚筒；2—分界线；3—纵轴流滚筒

图 1.3　清选室内脱出混合物分布实物图

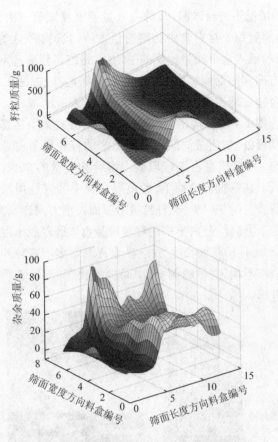

图 1.4 脱出混合物在清选室内的分布规律

1.1.1.2 单风道清选室内气流分布规律研究

为了解 4LZ-850 型切纵流联合收获机清选室内的气流分布特点,使用 VT100 型叶轮式数字风速仪(测量范围: 0.15 ~ 30 m/s,精确度 0.01 m/s),按照图 1.5 所示的测点分布规则,对清选室内不同测点的气流速度进行测量。其中,图 1.5 所示的测点分布规则为:沿 X 轴正方向、Y 轴负方向各设置 9 个测量点,测量点间距分别为 100,150 mm;沿 Z 轴正方向设置 4 个平行于筛面的测量面,测量面间距为 50 mm,每个测量面有 81(9×

9)个测点,共 324(4×81)个测点。在清选装置具有相对较好的清选性能工况下近筛面的气流分布如图 1.6 所示。

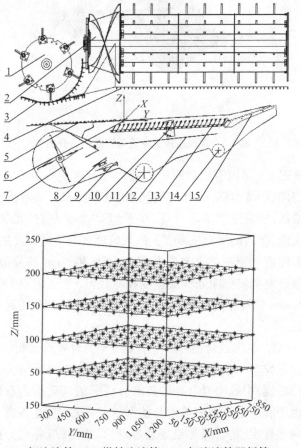

1—切流滚筒;2—纵轴流滚筒;3—切流滚筒凹板筛;
4—纵流滚筒凹板筛;5—抖动板;6—坐标系;7—风机;
8—第Ⅰ导风板;9—第Ⅱ导风板;10—鱼鳞筛开度调节板;
11—输粮搅龙;12—编织筛;13—鱼鳞筛;14—二次杂余搅龙;15—尾筛

图 1.5　单风道清选装置内测点分布示意图

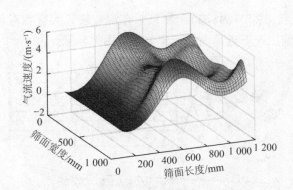

图 1.6　单风道清选室近筛面的气流分布

从图 1.6 可以看出近筛面的最大气流速度小于 5 m/s。清选筛前段($0<X<600$ mm)的气流速度相对较低,随着清选筛长度的增加,气流速度不断升高,在 $X=600$ mm 左右气流速度达到最大值,随后沿筛面长度方向的气流速度有不同程度的下降,而在筛尾段气流速度又有所升高;在 $X \geqslant 300$ mm 的筛面上,在靠近清选室两侧壁面处气流速度相对较高,并在距两侧壁面大约 100 mm 处气流速度达到最大值,而筛面中心的气流速度相对较低。

1.1.2　脱出混合物各成分的空气动力学特性分析

农业物料在清选室内的分离是典型的气固两相流分离过程,分离过程中脱出混合物的各成分所受的气动推力有较大差异。由于脱出混合物中各成分的形状并不规则,且各成分的瞬时朝向差异也很大,因此很难通过理论计算获取各成分的漂浮速度和阻力系数。为准确了解脱出混合物各成分的空气动力学特性,选取脱出混合物中的主要成分,在 DFPF-25 型物料漂浮特性测定装置上测定各成分的漂浮速度。脱出混合物的主要成分如图 1.7 所示,物料漂浮速度测定装置如图 1.8 所示,装置结构如图 1.9 所示。试验结果如图 1.10 所示。

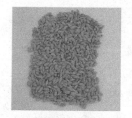  

(a) 饱满籽粒（编号1）　　　(b) 带柄籽粒（编号2）　　　(c) 带籽粒短枝（编号3）

(d) 瘪谷（编号4）　　　(e) 带籽粒长枝（编号5~6）　　　(f) 短茎秆（编号7~15）

(g) 杂余（编号16~18）

图 1.7　脱出混合物各成分实物图

注：编号 1 为饱满籽粒；编号 2 为带柄籽粒；编号 3 为带籽粒的小枝梗；编号 4 为不饱满籽粒；编号 5 为大枝梗水平姿势；编号 6 为大枝梗竖直姿势；编号 7~9 为长 10,20,30 mm 的茎秆根部；编号 10~12 为长 10,20,30 mm 的茎秆中部；编号 13~15 为长 10,20,30 mm 的茎秆前部；编号 16~18 为长 15,25,30 mm 的茎叶。

图1.8　物料漂浮速度测定装置

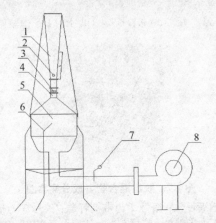

1—锥形管；2—气流速度测试口；3—物料投放口；
4—收敛筒；5—稳压筒；6—支架；7—风门；8—风机
图1.9　物料漂浮速度测定装置结构示意图

从图1.10可以看出，不同成分物料的漂浮速度分布有明显界限。籽粒的漂浮速度大致在6~8 m/s，短茎秆的漂浮速度分布在2~5 m/s，而轻杂余的漂浮速度分布在3 m/s以下。因此，若能使清选室内气流速度保持在6 m/s以上，则能把饱满籽粒从复杂背景中有效分离出。

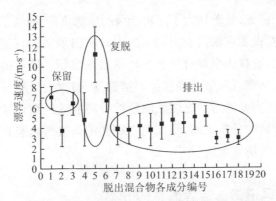

图 1.10　脱出混合物不同成分的漂浮速度比较

注：编号 1 为饱满籽粒；编号 2 为带柄籽粒；编号 3 为带籽粒的小枝梗；编号 4 为不饱满籽粒；编号 5 为大枝梗水平姿势；编号 6 为大枝梗竖直姿势；编号 7~9 为长 10,20,30 mm 的茎秆根部；编号 10~12 为长 10,20,30 mm 茎秆中部；编号 13~15 为长 10,20,30 mm 的茎秆前部；编号 16~18 为长 15,25,30 mm 的茎叶。

1.1.3　单风道清选装置性能差的原因

从以上分析可知,传统风筛式清选装置中,现有单风道清选装置的清选籽粒损失及籽粒含杂率相对较高的原因有以下几点：① 籽粒和杂余在筛面上分布不均匀,呈现出两侧多、中间少的状态,不利于后续清选作业。② 其风机大多为单风道离心风机,风量小、吹托力小。随着联合收获机喂入量的不断增大,脱出混合物的层厚也不断增加,单风道离心风机的气流速度和方向难以满足脱出混合物清选过程中整个筛面对气流速度和方向的不同需求;一次气流风选过程中,脱出混合物来不及分层、分散,容易堆积,透筛能力下降,造成籽粒清选损失增加,且籽粒的含杂率也较高,清选效率较低。③ 另外,纵轴流滚筒下方的脱出混合物直接落入筛面,由于清选筛下抖动板的阻碍,鱼鳞筛前端的气流速度较小并伴随涡流,脱出混合物在筛面前端堆积难以快速透筛,增大了脱出混合物中短茎秆进入编织筛的概率,进而使得粮箱内籽粒含杂率升高。④ 尾筛上方物料直接进入二次杂余搅龙,显著加大了二次杂余的清选负荷,降低了清选效率。同时,设置在筛面上方的二次出口抛出的杂余直接落在筛面上,容易造成脱出混合物在振动筛表面堆积。筛尾的部分籽粒来不及透筛就随短茎秆被抛出清选室,造成大量籽粒清选损失。因此,需要针对斜置切纵流脱粒分离装置的结构特点及其脱出混合物的分布规律,研究与之配套的高效清选装置来提高清选效率及清选性能。

1.2　多风道清选装置的总体方案

传统清选装置通常采用结构简单的单风道离心风机,通过结构参数的优化很难解决单风道离心风机出风口气流分布不均匀、风速衰减快、清选室内涡流多和一次气流吹托对潮湿物料的风选效果较差等诸多问题,因此多风道风筛式清选装置逐渐成为研究热点。在对单风道清选装置性能检验的基础上,为进一步提高联合收获机的清选性能,以期其能满足潮湿、大喂入量下的作业要求,笔者设计了一种多风道风机加回程输送板结构的风筛式清选装置,设计的多风道风筛式清选装置结构如图 1.11所示。

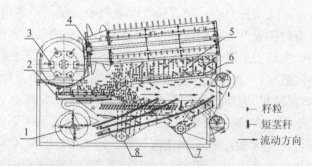

1—多风道风机; 2—振动筛; 3—切流滚筒; 4—纵轴流滚筒;
5—二次杂余出口; 6—回程输送板; 7—杂余搅龙; 8—籽粒搅龙

图 1.11　多风道清选装置的总体结构示意图

在传统清选装置结构的基础上,设计的多风道清选装置主要有以下结构改进:

(1)在对脱出混合物的均布方式进行研究的基础上,在纵轴流下方设置等间距波纹板结构回程输送板,其工作过程如下:纵轴流滚筒产生的脱出混合物离开分离凹板后,首先落至斜置阶梯状回程输送板上,在斜置阶梯状回程输送板的周期性振动作用下,脱出混合物被输送到清选室前端,最终以均匀的薄层状态进入清选室。由于脱出混合物经过斜置回程输送板的加速后具有相对较大的初速度,同时短茎秆进入清选室后轴向位移在短时间内变化不大,其轴向与气流速度方向仍能大体保持垂直,而短茎秆的迎风面积较大,可快速被吹出清选室外,进而达到与籽粒快速分离的效果。

(2)设计了多风道离心风机,结构如图1.12所示。风机上风道主要起预清选作用,即该风道(出风口1)产生的气流主要用于吹散从抖动板落下的脱出混合物,并使轻杂余直接被吹出机外,减少下出风口的清选负荷;下风道有3个出风口,其中,出风口2的吹出气流应主要覆盖上、下筛的前段,风量应较大但风速不宜过大,以提高大喂入量下籽粒的分散、透筛能力;出风口3的吹出气流覆盖上筛的后半部分和下筛的中、后段,风量和风速适中,以增强籽粒的分散、透筛能力;出风口4的吹出气流覆盖尾筛,风速较大、风量较小,以延长气流衰减距离。

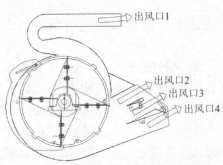

图1.12 多风道离心风机结构示意图

（3）由于清选筛下抖动板的阻碍作用,下风道出风口 2 的气流方向发生强制性改变,使得鱼鳞筛前端的气流速度较小,进而造成上抖动板抖落下的脱出混合物在筛面前端堆积,难以快速透筛。为解决下抖动板阻挡下风道出风口 2 气流的问题,缩短振动筛下抖动板长度,并利用流线型弧板代替原有直板,以在流线型弧板尾部形成向上的高速气流,防止涡流的产生,改善清选室不同区域内的气流分布,增强清选装置对不同生物力学特性脱出混合物的清选适应性。

设计的多风道清选装置工作时,纵轴流滚筒产生的脱出混合物首先落入斜置阶梯状回程输送板上,在斜置阶梯状回程输送板的周期性振动作用下分散、均布,并被输送到清选室前端的上抖动板上;继而,两滚筒产生的脱出混合物在上抖动板的作用下以均匀薄层状进入清选室。具有了一定水平方向初速度的脱出混合物呈瀑布状进入清选室后,由于轻杂余的质量较小且迎风面积较大,其在风机上风道产生的气流作用下可被直接吹出清选室外。随着清选过程的不断进行,物料的总量变少,在振动筛的继续作用下,物料从前向后继续跳跃,筛面上物料组分与层厚不断变化,经过下风道 3 个出风口产生气流的多次作用进一步完成清选作业,最终干净的籽粒落入水平输粮搅龙,经垂直输粮搅龙输入粮箱;未清选干净的杂余落入杂余搅龙进行二次回收,被垂直杂余搅龙输送到回程输送板进行二次清选。

1.3　多风道清选室不同部位清选负荷分析

目前,我国收获机械的研发主要沿用工程技术人员凭经验进行结构设计、田间试验验证、结构改进的老方法,该方法受收获季节的影响较大,收获机械研发周期普遍较长,严重阻碍了我国收获机械行业技术的快速进步,且相关产品作业性能不稳定、对不同作物的清选适应性差。近年来,随着计算机性能的持续提升及数值模拟算法在稳定性及鲁棒性等方面的不断提高,国内学者利用数值模拟方法在联合收获机的清选装置结构优化方面做了很多卓有成效的研究工作。实践证明,应用数值模拟方法优化后的清选装置,其性能得到了一定程度的提高且清选装置的研发周期大幅缩短,经济效益显著提高。然而,现有研究介绍的数值模拟仅局限于数值分析清选室无负荷时气流速度及压力分布情况,没有考虑清选负荷对清选室内气流分布的影响,数值模拟结果难以验证且不能用来指导清选装置的设计。因此,要真正实现利用数值模拟结果来指导清选装置的设计,必须考虑清选负荷对清选装置内部气流分布的影响。在实际作业过程中,清选过程是一个高度复杂的非线性、混沌过程,很难准确获知清选装置不同部位的作业负荷及其对气流的阻力系数。为缩短联合收获机清选装置的研发周期,综合利用现有研究结果,并结合我国全喂入水稻联合收获机脱出混合物的具体特点,笔者推导出多风道清选装置不同部位的气流阻力模型,估算出了多风道清选装置不同部位对气流的阻力值,为下一步多风道风机设计、清选装置结构优化奠定基础。

1.3.1　多风道离心风机清选负荷分析

拟设计的多风道风机有上、下两个风道,其中,上风道产生的气流主要起预清选作用,下风道产生的气流主要起二次风选作用。从多风道清选风机的结构布置可以看出,工作过程中两个风道所承受的负荷有较大差异。风机上风道的负荷主要来自呈瀑布状进入清选室的待清选脱出混合物对气流的阻力。风机下风道的负荷主要由振动筛对气流的阻力及脱出混合物对气流的阻力两部分组成。假设清选室内各部位充满待清选脱出混合物,根据线性叠加原理,各出风口所产生气流需要承受的阻力可简化为如图 1.13 所示的形式。

图 1.13 中,k_{11} 为预清选阶段籽粒对气流的阻力系数;k_{21} 为在上、下筛面处于流化状态的籽粒对气流的阻力系数;k_{22} 为鱼鳞筛对风机下风道气流的阻力系数;k_{23} 为编织筛对风机下风道气流的阻力系数;k_{32} 为尾筛对气流的阻力系数;k_{31} 为尾筛上处

于流化状态的籽粒对气流的阻力系数；v_{f1}，v_{f2}，v_{f3} 为使籽粒处于流化状态的最小气流速度，m/s；v_{10}，v_{20} 分别为风机上、下风道的气流速度，m/s。

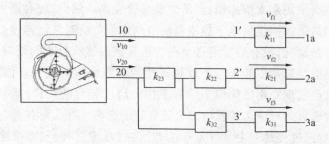

10—上风道气流；20—下风道气流

图 1.13　清选装置不同部位气流阻力示意图

由于尾筛长度有限且各筛片间距较大(40 mm)，尾筛处的脱出混合物(主要是短茎秆)的停留时间较短且物料群处于高度离散状态，其对气流的阻力可忽略。因此，图 1.13 所示清选装置不同部位的气流阻力可简化为如图 1.14 所示的形式。

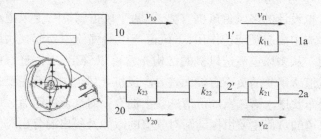

10—上风道气流；20—下风道气流

图 1.14　简化后的清选装置不同部位气流阻力示意图

如图 1.14 所示，上风道的气流速度应与籽粒流化速度大体相同；在下风道气流中，气流离开鱼鳞筛时的速度应与籽粒的流化速度大体相同。根据流体力学相关知识，多风道清选装置内不同部位的压力关系可以表示为如下的形式：

$$p_{10} - p_{1a} = k_{11} \frac{\rho v_{f1}^2}{2} \tag{1-1}$$

$$p_{20} - p_{2a} = (k_{23} + k_{22} + k_{21}) \frac{\rho v_{f2}^2}{2} \tag{1-2}$$

$$p_{1a} = p_{2a} \tag{1-3}$$

假设上、下风道的当量阻力系数分别为 $k_{eq,1}$ 和 $k_{eq,2}$，可以求得上、下风道的当量阻力系数的表达式：

$$k_{eq,1} = \frac{v_{f1}^2}{v_{10}^2} \times k_{11} \tag{1-4}$$

$$k_{eq,2} = \frac{v_{f2}^2}{v_{20}^2} \times (k_{21} + k_{22} + k_{23}) \tag{1-5}$$

从式(1-4)、式(1-5)可以看出，如已知不同部位的阻力系数、风机上下风道的气流速度及清选筛表面籽粒处于流化状态时的气流速度，即可求得上、下风道的当量阻力系数。根据现有文献的研究结果，依次推导出流化籽粒群对气流的阻力模型及清选筛面对气流的阻力模型，为设计多风道清选装置提供数据支撑。

1.3.2　风机各出风口当量阻力系数计算

1.3.2.1　流化籽粒对气流的阻力模型

风机产生的气流通过籽粒群时，籽粒群会随着气流速度的变化而呈现出不同的状态。当气流速度较低时，气流仅从静止籽粒的缝隙中流过。当气流速度增大到一定值时，籽粒群将不能维持固定状态，籽粒出现松动，籽粒间空隙增大，籽粒群膨胀，当气体对籽粒的吹脱力与籽粒重力相平衡时，籽粒悬浮起来，籽粒群达到起始流化状态，各籽粒开始表现出相当不规则的运动，此时的气流速度称为最小流化速度。随着气流速度继续增大，籽粒均匀地分布在整个清选室内且籽粒群均匀膨胀，清选室内孔隙率均匀增大，籽粒群上界面位置平稳，压降稳定且波动很小。此时清选系统的静压降可以表示为

$$\Delta P = M/S_{\mathrm{s}} = (\rho_{\mathrm{g}}-\rho_{\mathrm{a}})(1-\varepsilon_{\mathrm{f}}) g H_{\mathrm{mf}} \qquad (1\text{-}6)$$

式中，M 为清选系统中物料的质量，kg；S_{s} 为清选筛面面积；ρ_{g} 为籽粒密度，kg/m³；ρ_{a} 为空气密度，kg/m³；ε_{f} 为籽粒群孔隙率；g 为重力加速度，9.81 m/s²；H_{mf} 为籽粒群厚度，m。

当气流速度 v 大于籽粒的悬浮速度 v_{t}（最大流化速度）时，籽粒随气流从籽粒群中溢出并造成籽粒清选损失。研究还表明，清选系统的静压降随着籽粒群的增厚而增大，当籽粒群处于流化状态时，静压降不随流化速度的增大而大幅增加，当气流速度大于籽粒的悬浮速度（最大流化速度）时，清选系统的静压降开始下降。合适的近筛面气流速度是确认籽粒群能否流化的关键参数，要使清选室内籽粒群始终处于流化状态，清选装置内的气流速度应该足够使大多数籽粒处于流化状态；另一方面，气流速度又必须小于最大流化速度，避免籽粒处于"沸腾"状态，即清选装置内的气流速度 v 一般应满足 $v_{\mathrm{f}}<v<v_{\mathrm{t}}$。清选室内气流速度与谷物籽粒大小、质量、含水率及籽粒群孔隙率密切相关。

根据流体力学的相关知识，在上、下筛面处于流化状态的籽粒对气流的阻力系数 k_{21}，可以表示为静压降与气流动压力的比值，即

$$k_{21} = \frac{(\rho_{\mathrm{g}}-\rho_{\mathrm{a}})(1-\varepsilon_{\mathrm{f}}) g H_{\mathrm{mf}}}{\dfrac{1}{2}\rho_{\mathrm{a}} v^2} \qquad (1\text{-}7)$$

式中，籽粒群孔隙率 ε_{f} 为 0.47~0.7；籽粒密度 $\rho_{\mathrm{g}}=1\,500$ kg/m³；空气密度 $\rho_{\mathrm{a}}=1.225$ kg/m³。

1.3.2.2　清选筛面对气流的阻力模型

设计的清选装置拟采用双层筛面结构，其中，上层筛采用鱼鳞筛，下层筛采用编织筛。编织筛对气流的阻力可依据多孔板对气流的阻力系数计算方法求得。鱼鳞筛对气流的阻力系数主要取决于鱼鳞筛片的倾角，筛片倾角越小，则鱼鳞筛片间的开度就越小。试验结果表明，鱼鳞筛片间开度越小，其对气流的阻力

越大,鱼鳞筛面上、下的压降就越大。清选装置上、下筛对气流的阻力系数 k_{22},k_{23} 可用式(1-8)估算得出:

$$k = \left(\frac{1}{\lambda} - 1\right)^2 + 1.3(1-\lambda) \tag{1-8}$$

式中,$\lambda = A_0/A_t$;A_0 为鱼鳞筛片间开口面积;A_t 为鱼鳞筛片间开度最大时筛片间开口面积。

从式(1-8)可以看出,鱼鳞筛对气流的阻力系数主要与鱼鳞筛开度系数 λ 有关,鱼鳞筛开度系数越大则阻力系数越小。田间试验结果表明,在其他工作参数不变时,鱼鳞筛开度系数在 60%~80% 时,清选装置的籽粒清选损失率和粮箱籽粒含杂率都能满足国家标准的相关规定。清选装置下筛拟采用的网状编织筛尺寸为 758 mm×937 mm(长×宽),筛孔尺寸为 22 mm×22 mm×ϕ 2.5 mm(长×宽×钢丝直径),编织筛有效开度系数大约为 90%。

在推导以上阻力系数计算模型的基础上,代入相关数值即可计算得到多风道清选装置内部不同情况下的阻力系数及风机上、下风道所承受的当量阻力系数。清选装置内部不同区域的当量阻力系数分布如表 1.1 所示。

表 1.1　清选装置内部不同区域的当量阻力系数分布

阻力系数来源	阻力系数	当量阻力系数
预清选阶段阻力系数		
预清选时籽粒对气流的阻力系数(k_{11})	0.67~1.35	0.20~3.52 (上风道)
满负荷清选筛对气流的阻力系数		
流化籽粒群对气流的阻力系数(k_{21})	2~4	0.95~6.10 (下风道)
鱼鳞筛对风机下风道气流的阻力系数(k_{22})	0.34~0.97	
编织筛对风机下风道气流的阻力系数(k_{23})	0.13	

1.4　清选负荷数值模拟

多孔介质模型可应用于模拟流过填充床、滤纸、穿孔圆盘、流量分配器及管道内流体的流动,联合收获机清选装置内气流穿透脱出混合物的过程与上述情形类似,因此可用多孔介质模型表征清选负荷。

气流通过多孔介质时的压降 Δp 为

$$\Delta p = \frac{\mu}{\alpha}\Delta mv + \frac{1}{2}C_2\rho\Delta mv^2 \qquad (1\text{-}9)$$

式中,α 为多孔介质的渗透性;ρ 为气体密度;v 为气流速度;C_2 为惯性阻力系数;μ 为气体黏度;Δm 为介质厚度。

阻力系数可表示为

$$C_f = \frac{2\Delta p}{\rho v^2} \qquad (1\text{-}10)$$

本节用不同开孔率的多孔板来替代清选负荷,根据表 1.1 所示的清选装置内部不同区域的当量阻力系数分布,笔者设计了不同开孔率的多孔板来模拟多风道清选风机上、下风道所要承受的清选负荷。设计的不同开孔率的多孔板如图 1.15 所示。

1—开孔率 32%;2—开孔率 45%;3—开孔率 51%;4—开孔率 61%

图 1.15　设计的不同开孔率的多孔板

为获取所设计多孔板的具体阻力系数,在测量多孔板阻力系数的试验台上获取了不同开孔率多孔板的气流压降与气流速度关系,参照如式(1-11)所示的气流速度-压降曲线拟合的目标方程,得到了如图 1.16 所示的不同开孔率多孔板对应的气流速度-压降曲线。

$$\Delta p = Av + Bv^2 \tag{1-11}$$

从图 1.16 可以看出,随着气流速度的增加,气流穿过多孔板前后的压降增大。相同气流速度下,多孔板的开孔率越小(即阻力系数越大),气流穿过多孔板前后的压降就越大,则气流能量损失越大。利用上述试验测得的数据,可得到不同开孔率多孔板对应的拟合方程的系数 A, B。

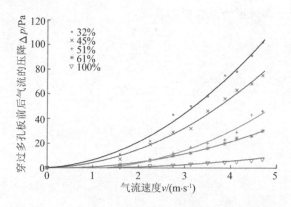

图 1.16　不同开孔率多孔板的气流速度-压降关系曲线

对比式(1-9)和式(1-10)可以推导出多孔介质对应的黏性阻力系数与惯性阻力系数。

（1）黏性阻力系数

$$\frac{1}{\alpha} = \frac{A}{\mu \Delta m} \tag{1-12}$$

（2）惯性阻力系数

$$C_2 = \frac{2B}{\rho \Delta m} \tag{1-13}$$

式中,空气密度 $\rho = 1.225\ \text{kg/m}^3$;气体黏度 $\mu = 1.789\ 4 \times 10^{-5}$;$\Delta m$ 为介质厚度,mm。把测得的流过多孔介质的气流速度与压降试验数据代入式(1-12)、式(1-13),求得数值模拟所需的黏性阻力系数与惯性阻力系数。

　　数值模拟流体在多孔介质内流动过程的计算步骤包括：定义多孔区域，确定流过多孔区域的流体材料、设定多孔介质系数，定义多孔介质包含的材料属性和多孔性等。其中，设定多孔介质系数包括设定黏性阻力系数（多孔介质动量方程中的 $1/\alpha$）及惯性阻力系数（多孔介质动量方程中的 C_2），并定义应用它们的方向。利用测得的不同开孔率多孔板对应的黏性阻力系数及惯性阻力系数，在 Fluent 中设置相关参数即可通过数值计算不同工况下多风道清选装置的表现。

第 2 章　多风道离心风机内部气流场数值模拟

2.1　多风道离心风机结构设计

2.1.1　离心风机性能评价标准

为提高清选装置的作业效率和作业性能,科研人员对风机结构做了大量、深入的研究,并开发出了适用于不同作业工况的风机,显著提高了清选效率。欧美等发达国家生产的大型联合收获机上使用的典型风机结构如图 2.1 所示。

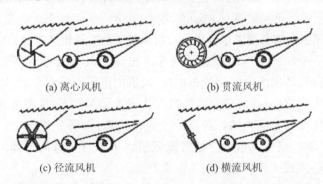

(a) 离心风机　　　　　　　　(b) 贯流风机

(c) 径流风机　　　　　　　　(d) 横流风机

图 2.1　国际先进联合收获机清选装置上常用风机结构

现有文献研究表明,采用图 2.1 所示的高性能清选风机的联合收获机多用于收获小麦、大豆和玉米等旱作物,具有喂入量大、作业效率高和作业性能好等特点。水稻脱出混合物各成分的漂浮特性与小麦、大豆和玉米等作物存在很大差异,截至2021 年,还没有装备上述结构风机的联合收获机收获水稻时的清选性能研究,且上述风机的相关试验数据、设计理论与方法属于各公司机密,不对外公开。因此,有必要针对我国水稻脱出混合物的生物力学特性和多风道清选装置的结构特点,提出适用于我国大喂入量水稻联合收获机上多风道清选风机的设计理论,用于指导多风道清选风机的设计。现有研究中,对风机性能的评价主要局限于判断风机空载时各出风口的气流速度、流量,各出风口气流是否均匀和风机内部压力分布是否合理,风机内部是否存在涡流等方面,并没有考虑风机实际工作过程中待清选物料对风机各出风口气流流动的阻碍,也没有分析清选负荷与风机性能关系。与制冷、通风等设备上使用的离心风机不同,联合收获机上配备的清选用离心风机需要具备特殊的性能。联合收获机工作过程中,脱出混合物在清选装置内的分布并不均匀,且脱出混合物的分布随时间在动态变化。研究表明,在各工作参数固定的情况下,实际工作中风机类似于一个闭环控制系统,即风机各出风口的气流速度、流量及风机内部压力随着各出风口所承受负荷的变化在动态调整,以达到平衡状态。因此,在设计风机时有必要考虑各出风口所承受负荷对风机性能的影响。

一个性能良好的清选风机除各出风口具有合适的气流速度、流量,各出风口气流分布均匀,风机内部压力分布合理,风机内部无涡流外,还应能保证风机在任何工作参数下,其产生的气流都能使清选室内的籽粒群处于流化状态,即使在清选负荷突然增加时,清选风机产生的气流流量也不应有显著的下降。典型离心风机工作特性曲线如图 2.2 所示。

如图 2.2 所示,不同叶片型式的风机的特性曲线有较大差异。但是不论风机拥有何种叶片型式,一个理想高性能的离心风机工作时,其 $\Delta P_{tot}-Q$ 特性曲线的斜率在工作区域时应尽可能大,以保证清选装置在任何工况下都能获取合适的风量。本书根据清选风机各出风口处承受的当量阻力设计多孔板,然后模拟清选风机上、下风道所要承受的清选负荷,通过数值模拟及试验测量的方法来设计出多种清选风机结构,研究清选负荷对风机各出风口气流及压力分布的影响,绘制出风机的 ΔP_{tot}-Q 特性曲线,根据 ΔP_{tot}-Q 特性曲线的斜率在工作区域时应尽可能大的原则,优选出新型的清选风机结构,设计流程如图 2.3 所示。

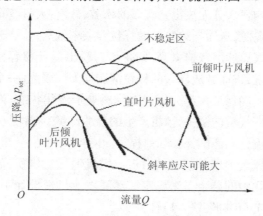

图 2.2　典型离心风机工作特性曲线

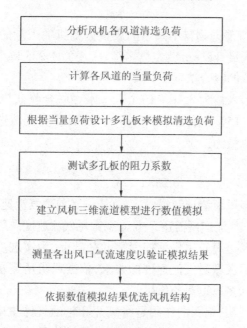

图 2.3　多风道风机的设计流程

2.1.2　多风道离心风机结构参数

研究表明,清选室内气流场的空间分布直接关系到清选装置的作业性能。若清选室内不同部位的气流速度普遍较低,则脱出混合物各成分无法得到有效的松散、分离,大量茎秆会直接进入籽粒搅龙,从而导致粮箱内籽粒含杂率偏高;若清选室内不同部位的气流速度普遍太高,则待清选脱出混合物容易被直接吹出清选室,进而造成较大的籽粒清选损失。因此,一个理想的清选装置应能保证大部分待清选物料处于流化状态,而风机是清选装置内气流的源头,风机产生的合适风量、风速是使待清选物料处于流化状态的保证和前提。

风机风量 V 即单位时间内流入风机的气流体积,需要根据脱出混合物中的杂余量来确定。参阅农业机械设计手册可知,风机风量 V 可参照式(2-1)计算:

$$V = \frac{\beta Q}{\mu \rho} \qquad (2\text{-}1)$$

式中,β 为待清选物料中杂余的质量占整机喂入量的百分比;Q 为整机喂入量,kg/s;ρ 为空气密度,大小为 1.225 kg/m³;μ 为携带杂质气流的混合浓度比(0.2~0.3)。

对总喂入量为 8 kg/s 的全喂入水稻联合收获机而言,β 一般取 10%~15%。取 $\beta = 11\%$,$\mu = 0.25$,计算得到清选室内所需气流体积总量为

$$V = \frac{11\% \times 8}{0.25 \times 1.225} = 2.87 \ \text{m}^3/\text{s}$$

对于多风道清选装置而言,其清选筛前部气流速度需达 8~9 m/s,中部气流速度需达 5~6 m/s,筛尾气流速度需达 3~4 m/s。在原有单风道离心风机结构参数的基础上,为实现多风道清选装置内不同区域对气流速度的要求,依据风机所需承受的清选负荷来设计多风道离心风机。

试验证明,蜗壳的作用是将离开叶轮的气体集中、导流,并将气体的部分动能转变为静压;蜗壳的结构是决定风机性能的

关键因素。本书主要研究风机蜗壳对风机各出风口气流及内部压力分布的影响,以期设计出性能优良的多风道离心风机。目前,离心风机普遍采用矩形蜗壳,而对蜗壳的设计主要在于确定蜗壳的宽度及其内壁型线。研究表明,蜗壳的内壁型线为一对数螺旋线,对于每一个角度,可以计算得到一个相应的半径,然后连成蜗壳内壁型线。阿基米德螺旋线方程是常用的蜗壳内壁型线设计依据。在实际应用中,常采用等边基元方法或不等边基元方法来设计一条近似于阿基米德螺旋线的蜗壳内壁型线。研究表明,采用等边基元方法作出的近似螺旋线与对数螺旋线有一定差别,当转速较高时,螺旋线误差较大,而采用不等边基元方法设计离心风机蜗壳可以得到很好的近似效果。

　　笔者选择阿基米德螺线状壳体作为蜗壳,并依据"蜗壳的压缩行程及压缩半径越大,出风口风速及风量越大"的原则,采用不等边基元法确定了多风道离心风机的下蜗壳尺寸。为优选多风道离心风机结构参数,设计了 3 种相近结构型式蜗壳的多风道离心风机,如图 2.4 所示。蜗壳外形轮廓线如图 2.5 所示,风机的主要设计参数如表 2.1 所示。

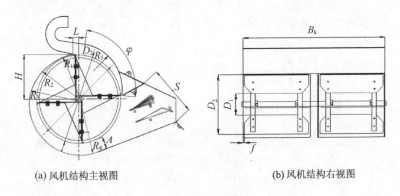

(a) 风机结构主视图　　　　　　　　(b) 风机结构右视图

图 2.4　风机结构示意图

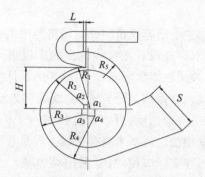

图 2.5　蜗壳外形轮廓线

注：$a_1 = 0.1A = 5.6$ mm，$a_2 = 0.116\,6A = 6.53$ mm，$a_3 = 0.133\,3A = 7.46$ mm，$a_4 = 0.15A = 8.4$ mm。

表 2.1　风机的主要设计参数

名称	模型 Ⅰ	模型 Ⅱ	模型 Ⅲ
叶轮外径 D_2/mm	400	400	400
叶轮内径 D_1/mm	146	146	146
叶片数/个	4	4	4
外壳宽度 B_k/mm	990	990	990
进风口直径 D_0/mm	380	380	380
出风口高 S/mm	202	202	202
蜗壳形外壳扩展尺寸 A/mm	56	56	56
叶轮端面与壳体间距离 f/mm	12	12	12
$R_1 = \dfrac{D_2}{2} + \dfrac{A}{8}$ /mm	207	207	207
$R_2 = \dfrac{D_2}{2} + \dfrac{3}{8}A$ /mm	221	221	221
$R_3 = \dfrac{D_2}{2} + \dfrac{5}{8}A$ /mm	235	235	235
$R_4 = \dfrac{D_2}{2} + \dfrac{7}{8}A$ /mm	249	249	249
压缩行程 φ/(°)	89	97	121
离心半径 R_5/mm	208	232.5	232.5
水平距离 L/mm	27.1	27.1	129.8
垂直距离 H/mm	206.8	206.8	164.5

2.2　风机内部及各出风口气流场分布数值模拟

分别建立 3 种不同结构风机的流道模型,从风机内部流动控制方程出发,选择适合离心风机内部三维湍流流动过程的计算方法和湍流模型,以不同结构的多孔板来代替清选负荷,通过改变清选负荷及工作参数(如风机转速、分风板角度等),数值模拟风机内部及各出风口气流场的运动规律;在数值模拟的基础上加工制作风机样机及多孔板,试验验证数值模拟结果的正确性,分析风机工作参数对其气流场分布的影响,为优选多风道离心风机的结构参数提供依据。

2.2.1　数值模拟参数设置

计算流体力学的本质就是对控制方程在所规定的区域上进行点离散或区域离散,从而转变为在各网格点或子区域上定义的代数方程组,最后用线性代数的方法迭代求解。一般来说,数值计算的步骤分为几何模型的构建、计算区域的网格划分、控制方程的离散、计算方法的选择和边界条件的设置等。

2.2.1.1　多风道离心风机流道模型

根据表 2.1 所示的多风道离心风机各部件结构参数,对风机结构适当简化后构建的风机流道计算模型如图 2.6 所示,其主要由风机进风口、风机叶片、蜗壳、风机出风口组成。

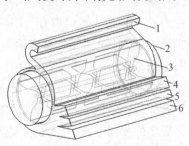

1—出风口 1; 2—进风口; 3—蜗壳; 4—出风口 2; 5—出风口 3; 6—出风口 4

图 2.6　多风道离心风机流道模型

2.2.1.2 风机网格划分

考虑到多风道离心风机不同部件结构的复杂程度不同且涉及风机旋转运动,本书采用组合网格划分方法来构建整个清选风机计算域网格。在实际网格划分过程中先采用非结构化网格划分方法依次对各结构部件进行网格划分,并动态调整不同部位网格单元尺寸,以确保各个部件的网格质量在 0.5 以上,再把划分好的各结构部件网格组合成完整的计算域网格,连接处采用内部面来互换流体参数,以保证流体交界面处流动的连续性。不同风机模型不同部位的网格数量如表 2.2 所示。

表 2.2　不同风机模型不同部位的网格数量

部位	网格数量/个		
	模型 I	模型 II	模型 III
蜗壳	6 586 644	4 753 042	10 384 728
进风口	64 908	64 908	64 908
旋转区域	4 096 540	4 096 540	4 096 540
出风口 1	178 332	178 332	178 332
出风口 2	182 584	182 584	182 584
出风口 3	157 228	157 228	157 228
出风口 4	132 671	132 671	132 671

2.2.1.3 物理模型和求解器

生成网格后,需要将控制方程在网格上离散,即将偏微分格式的控制方程转化为各个节点上的代数方程组。Fluent 软件基于有限体积法来实现控制方程的离散,根据离散后物理量受到对流和扩散的不同影响,有限差分格式又分为中心差分格式、二阶迎风格式、混合格式、指数格式、乘方格式和 QUICK 格式等。一阶离散方程的截差等级比较低,会出现发散的数值误差,而高阶离散格式引入了更多的相邻节点,且考虑了流动方向的影响,可以减小扩散误差。因而本书对控制方程的扩散项采用中心差分格式离散,对流项则采用二阶迎风格式离散。

　　建立了与控制方程相应的离散代数方程组后,所生成的方程组一般不能直接用于求解,还必须确定方程组中的速度、压力、温度等未知量的求解顺序和方式。其中,半隐式方法(semi-implicit method for pressure-linked equations, SIMPLE)的基本思想是对于给定压力场,求解离散格式的动量方程,并将所规定的压力与速度关系代入连续方程的离散格式,建立压力修正值方程,求解得到修正的压力和速度,最后进行动量离散方程系数的改进,并开始下一层次的计算,如此反复,直到获得收敛的解。本书采用半隐式方法进行求解。研究表明,风筛式清选装置内气流通常处于湍流状态。为描述湍流运动过程,湍流模型的相关研究发展迅速并建立起了众多湍流模型,本书选用 $k\text{-}\varepsilon$ 湍流模型进行数值模拟。壁面使用无滑移条件,计算时采用壁面函数修正法。

　　多风道离心风机由转动的叶轮和静止的蜗壳组成,进行数值模拟时需要考虑风机叶片的旋转运动。常用的运动模型有移动参考坐标系模型(moving reference frame, MRF)和动网格模型(sliding mesh)两种。其中,采用移动参考坐标系模型计算时,转动区域和静止区域需分别计算,流体区域不旋转,而是坐标系旋转,使原本不动的区域形成相对运动,然后在交界面处进行插值和通量交换,其计算结果是一个平均流场分布,只适用于稳态过程的数值模拟。而动网格模型计算时是以网格的运动来驱动流体的运动,属于典型的非稳态流场计算,计算结果能够反映流场的真实情况,常用于瞬态过程的数值模拟。为缩短数值模拟的时间,风机旋转区与非旋转区的耦合先采用移动参考坐标系模型计算至收敛状态,再利用动网格模型对离心风机的三维流场进行数值模拟。数值模拟过程中,时间步长的选择应使在一个时间步长内残差下降三个量级,确保瞬态行为被解析。风机各出风口设置为 Porous Zone 模式,数值模拟所需的黏性阻力系数与惯性阻力系数参见不同开孔率多孔板的阻力系数,收敛临界值设置为 10^{-4}。

2.2.1.4 边界条件设置

采用理想可压气体进行计算,流场的边界条件设置如下:

(1)入口边界设置为压力入口,入口总压相对值为 0 Pa(表压),温度为 300 K。

(2)出口边界设置为压力出口,出口总压相对值为 0 Pa(表压),温度为 300 K。

(3)风机出风口设置为 Porous Zone 模式,改变多孔板介质系数以实现工况的转变。

2.2.2 数值模拟结果试验验证

为检验数值模拟结果,依照表 2.1 所示的结构参数分别加工制作了 3 种结构型式的风机样机,搭建了风机出风口气流速度测量平台,如图 2.7 所示。其中,在电机调速控制柜的控制下,风机转速可在 0~1 500 r/min 范围内无级调节。应用热线式风速仪(VT100,测量范围 0.15~30 m/s,测量精度 0.01 m/s)可实测不同结构型式风机各出风口的气流速度。

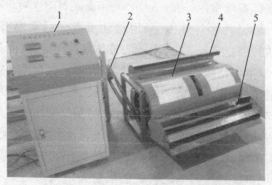

1—驱动电机调速控制柜;2—驱动电机;
3—多风道风机;4—上风道;5—下风道

图 2.7 多风道风机出风口气流速度测量平台

2.2.2.1 无清选负荷时数值模拟与实测结果对比

在风机分风板 Ⅰ 角度为 29°、分风板 Ⅱ 角度为 27°、风机空载的情况下,运用上述物理模型、求解器和边界条件,设置风机转速为 1 300 r/min,风机旋转区与非旋转区的耦合先采用移动参考坐标系模型计算至收敛状态,再利用动网格模型对离心风机的三维流场进行数值模拟,瞬态计算时选择时间步长 $\Delta t = 2.56 \times 10^{-4}$ s,进行数值模拟。不同结构型式风机各出风口处的气流速度模拟值与实测值的对比如图 2.8 至图 2.10 所示。

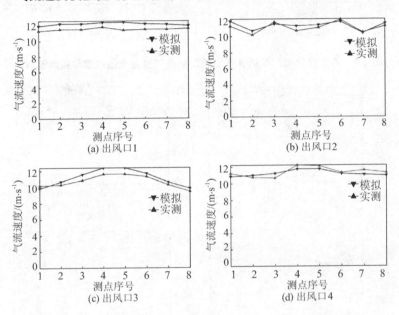

图 2.8　无清选负荷时风机 I 各出风口处的气流速度模拟值与实测值对比

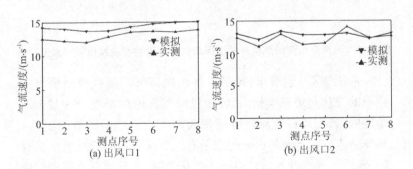

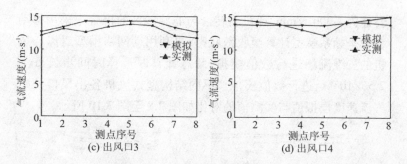

图 2.9　无清选负荷时风机Ⅱ各出风口处的气流速度模拟值与实测值对比

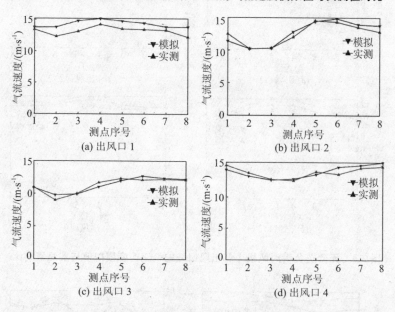

图 2.10　无清选负荷时风机Ⅲ各出风口处的气流速度模拟值与实测值对比

从图 2.8 可以看出,风机 Ⅰ 各出风口气流速度模拟值与实测值的变化趋势基本相同,各出风口气流速度都在 10～12 m/s 范围内,各出风口气流速度模拟值与实测值之间的最大误差<10%。造成以上测量误差的原因有以下两点:一方面,风机只有四个叶片,风机叶片旋转时会产生压力脉动,导致气流速度周期性波动。另一方面,数值模拟计算时使用的边界条件与实际情

况不能完全吻合,再加上计算模型本身的限制,导致误差进一步增大。数值模拟无法完全替代实际测量来指导风机结构设计,鉴于各出风口气流速度的数值模拟结果与实际测量结果差别较小,因此认为应用上述数值模拟参数研究风机内部气流分布的方法是可行的。

清选装置对风机各出风口气流有不同要求,风机出风口 1 主要起预清选作用,而出风口 4 处的气流要覆盖振动筛尾部,使振动筛尾部的气流速度为 3~4 m/s,从而使运动到此处的短茎秆被快速吹出清选室外。从图 2.8 还可以看出,风机 Ⅰ 出风口 4 处的气流速度小于 12 m/s,而出风口 4 处气流的行程较长,离开出风口 4 的气流进入清选室后总是向阻力系数较小处扩散,气流速度衰减较快。因此,离开出风口 4 的气流速度经过衰减后甚至不能到达振动筛尾部,无法在振动筛尾部产生有效的吹托气流,运动到此处的短茎秆会进入二次杂余搅龙,影响清选效率。

从图 2.9 和图 2.10 所示风机 Ⅱ 和风机 Ⅲ 各出风口处的气流速度的模拟值与实测值对比可以看出,风机 Ⅱ 和风机 Ⅲ 各出风口气流速度模拟值和实测值的变化趋势大体相同,进一步证明了应用数值模拟方法研究风机内部气流分布的可行性。另外,风机 Ⅱ 各出风口气流速度沿出风口横向分布较为均匀,而风机 Ⅲ 各出风口气流速度沿出风口横向起伏较大,特别是风机 Ⅲ 的出风口 2 和出风口 3 处,气流速度呈现出"左高右低"的规律。这会造成气流速度在清选室内分布不合理,物料不能得到充分的气流吹托作用而在清选室一侧堆积,影响清选效率及清选性能。

2.2.2.2　有清选负荷时数值模拟与实测结果对比

在测算风机各出风口需承受的当量阻力的基础上,笔者设计了开孔率为 61% 的多孔板(图 2.11)来充当清选负荷,考察不同结构的风机在承受一定清选负荷时各出风口气流速度实测值与模拟值的差异。

1—上风道替代载荷；2—下风道替代载荷

图2.11 开孔率为61%的多孔板

数值模拟条件：风机分风板Ⅰ角度为29°、分风板Ⅱ角度为27°，运用相同物理模型、求解器和边界条件，设置风机转速为1 300 r/min，各出风口设置为Porous Zone，相关参数按照当量阻力系数为2.19时计算得到的数值进行设置。将设计的多孔板覆盖在多风道风机的上、下风道处，搭建有清选负荷的风机出风口处的气流速度测量平台，如图2.12所示。在当量阻力系数为2.19时，3种风机各出风口处的气流速度模拟值与实测值的对比如图2.13至图2.15所示。

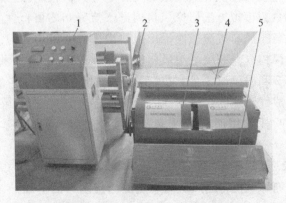

1—驱动电机调速控制柜；2—驱动电机；
3—多风道风机；4—上风道多孔板；5—下风道多孔板

图2.12 多风道风机出风口处的气流速度测量平台

　　从图 2.13 至图 2.15 可以看出,在有清选负荷的情况下,不同结构风机各出风口处的气流速度模拟值与实测值的变化趋势基本相同,在承受清选负荷的情况下,各出风口处的气流速度均有不同程度的下降。从图 2.14 可以看出,风机 II 出风口 1、出风口 2 和出风口 3 处的气流速度沿横向分布较为均匀,而出风口 4 处的气流速度沿横向分布有较大起伏。从图 2.15 可以看出,相比于风机 I 和风机 II,风机 III 各出风口处的气流速度下降得较为明显,由约 15 m/s 下降到 10~12 m/s,特别是风机 III 出风口 4 处的气流速度下降得尤为明显,气流速度实测值甚至下降到约 8.5 m/s,不利于在筛尾部形成吹托气流。

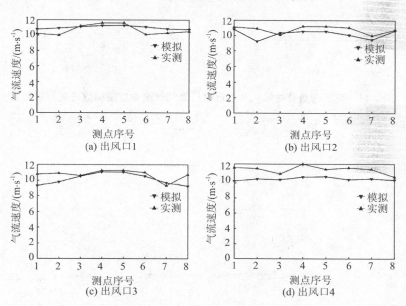

图 2.13　有清选负荷时风机 I 各出风口处的气流速度模拟值与实测值对比

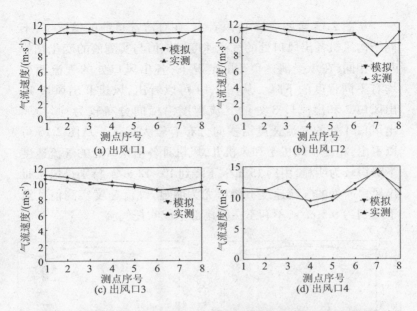

图 2.14 有清选负荷时风机 Ⅱ 各出风口处的气流速度模拟值与实测值对比

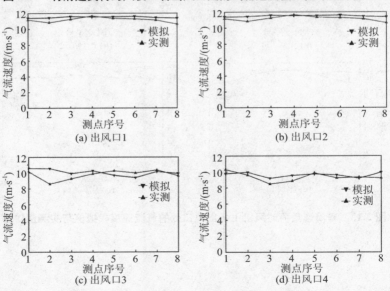

图 2.15 有清选负荷时风机 Ⅲ 各出风口处的气流速度模拟值与实测值对比

2.3　不同清选负荷下风机工作特性曲线绘制

在前文证明数值模拟结果能正确反映实际情况的基础上，分别用开孔率为 32%，45%，61% 的多孔板来充当清选负荷，在风机分风板 I 角度为 29°、分风板 II 角度为 27°、风机转速为 1 300 r/min 的情况下，数值模拟 3 种不同结构型式风机各出风口在不同清选负荷下的流量变化情况，为下一步优选合适的风机结构奠定基础。不同工况下风机各出风口气流流量如表 2.3 至表 2.5 所示。表中开孔率不同代表阻力系数不同，即代表清选负荷不同。

表 2.3　风机 I 在不同多孔板开孔率下的各出风口气流流量

m^3/s

位置	多孔板开孔率				
	32%	45%	51%	61%	100%
出风口 1	0.29	0.32	0.42	0.49	0.53
出风口 2	0.31	0.37	0.49	0.52	0.60
出风口 3	0.22	0.24	0.33	0.35	0.41
出风口 4	0.28	0.35	0.49	0.53	0.65

表 2.4　风机 II 在不同多孔板开孔率下的各出风口气流流量

m^3/s

位置	多孔板开孔率				
	32%	45%	51%	61%	100%
出风口 1	0.32	0.29	0.44	0.47	0.61
出风口 2	0.16	0.40	0.29	0.41	0.58
出风口 3	0.31	0.33	0.38	0.44	0.52
出风口 4	0.63	0.73	0.85	0.88	1.21

表 2.5　风机Ⅲ在不同多孔板开孔率下的各出风口气流流量

m³/s

位置	多孔板开孔率				
	32%	45%	51%	61%	100%
出风口 1	0.32	0.35	0.46	0.50	0.63
出风口 2	0.40	0.45	0.54	0.57	0.74
出风口 3	0.26	0.28	0.36	0.39	0.54
出风口 4	0.33	0.30	0.47	0.52	0.78

从表 2.3 至表 2.5 可以看出,风机各出风口气流流量在不同阻力系数下呈现出显著的差异,具体表现为各出风口气流流量随阻力系数的增加而逐渐降低。风机Ⅱ产生的总风量最高,在无清选负荷下,气流流量可达 2.92 m³/s;风机Ⅰ产生的气流流量最小,在无清选负荷下气流流量仅 2.19 m³/s。根据"一个理想高性能离心风机工作时,其 $\Delta P_{tot} - Q$ 特性曲线的斜率在工作区域时应尽可能大"的原则,利用表 2.3 至表 2.5 所示的不同工况下气流流量,得到不同结构风机在不同清选负荷下的工作特性曲线,如图 2.16 所示。

从图 2.16 可以看出,对风机Ⅰ而言,其出风口在不同清选负荷下的工作特性曲线符合前述风机评定原则,即工作特性曲线的斜率较大,但是风机Ⅰ各出风口气流流量在不同清选负荷下均较小,不能满足大喂入量清选装置对风量的要求。对风机Ⅲ,该风机在清选负荷较低时有较好的工作性能,而当清选负荷变化时,风机出风口 4 的流量极其不稳定,当清选负荷较高时其气流流量急剧减小,不能在筛尾部形成合理的吹托气流,运动到振动筛尾部的短茎秆会大量进入二次杂余搅龙而影响清选效率,风机性能较差。综合来看,风机Ⅱ在各种清选负荷下其各出风口的流量都比较稳定,各出风口气流流量分布较为合理,能够在清选室内形成较为理想的气流场分布,风机性能可以满足复杂工况下的要求。

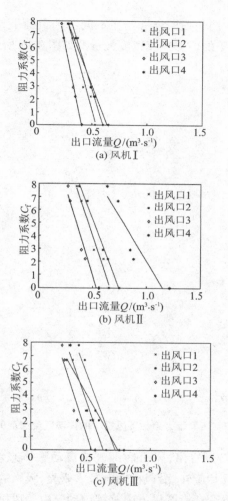

图 2.16　不同结构风机在不同清选负荷下的工作特性曲线

2.4　清选负荷对风机内部气流场分布的影响

2.4.1　清选负荷对风机 I 内部气流场分布的影响

速度矢量图是反映速度变化、旋涡和回流等的有效手段,是流场分析最常用的图谱之一。在不同清选负荷下,即不同阻力系数下,风机 I 的内部气流速度矢量图如图 2.17 所示。

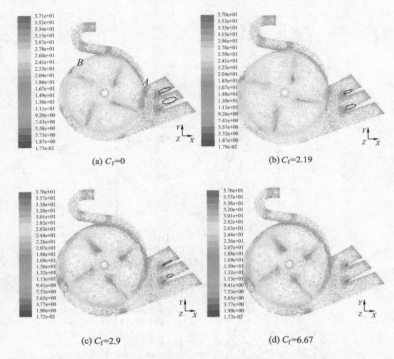

图 2.17　不同阻力系数下风机 I 的内部气流速度矢量图

从图 2.17 可看出,风机内部气流流动整体来说比较流畅,气流随风机叶片旋转、沿风机轴向吸入蜗壳,吸入的气流在风机叶片的带动下逐渐沿圆周方向旋转流动。由于风机叶片旋转对气流做功,使得气流沿风机径向由内到外的速度逐渐提高,并在风机叶片外圆处达到最大值。风机叶片从蜗舌部(点 A)沿逆时针方向运动到蜗壳点 B 的过程中,横截面积逐渐减小,风机叶片转动的部分动能会转化成气流的动能,使气流速度逐渐增大,部分气流在压力作用下从风机上风道分流排出。

在风机叶片通过点 B 以后的运动过程中,横截面积逐渐增大,气体不再受到蜗壳壁所给的沿径向阻力作用,使得靠近离心风机蜗壳尾部的气体流速大于其他部分的气体流速。通过点 B 后,气流有序地沿着蜗壳的型线方向流动并被引导至蜗壳型线末端,气流从蜗壳型线末端直接导出,最终气流在分风板的分流下从下风道的各个出风口排出。风机 I 出风口 2 和出风口 3 的下边缘都会产生不同程度的涡流现象,造成能量损失。随着清选负荷的增加,涡流范围逐渐缩小,风机内部气流速度逐渐降低,各出风口气流速度有不同程度的下降。

　　风机 I 各出风口处的气流流量随阻力系数的变化规律如图 2.18 所示,从图中可以看出,风机空载时各出风口处的气流流量最大,随着阻力系数的增大(即随着清选负荷的增大),各出风口处的气流流量逐渐降低。风机出风口 4 处的气流流量最大,出风口 2 处的气流流量次之,出风口 3 处的气流流量最小。出风口 4 和出风口 2 处的气流流量相差不大。

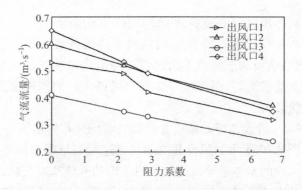

图 2.18　风机 I 各出风口处的气流流量随阻力系数的变化规律

　　从图 2.19 所示的风机 I 各出风口处的气流速度随阻力系数的变化规律可以看出,风机 I 各出风口气流速度随阻力系数的增大而减小,其中出风口 2 和出风口 3 受清选负荷的影响较大,此两处的气流速度在有清选负荷时不稳定,最小值可至 5.3 m/s;这会导致清选室中部气流速度过小,运动到此处的脱出混合物无法得到有效的气流吹托作用,短茎秆会进入籽粒搅龙而导致籽粒含杂率过高。出风口 4 处的气流速度在不同阻力系数下均较小,大量脱出混合物会进入二次杂余搅龙,影响清选效率。

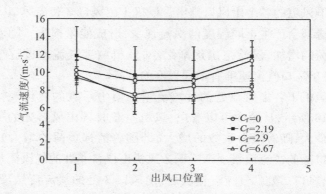

图 2.19 风机 I 各出风口处的气流速度随阻力系数的变化规律

风机各出风口气流速度的均匀性也会对清选性能造成影响。进一步分析图 2.17 所示的风机 I 内部气流速度矢量图可知,不同清选负荷下风机 I 出风口 1 和出风口 4 处的气流速度横向分布比较均匀,而出风口 2 和出风口 3 处的气流速度横向分布起伏较大。

2.4.2 清选负荷对风机 II 内部气流场分布的影响

从图 2.20 所示的风机 II 内部气流速度矢量图可以看出,气流在蜗壳内的整体运动规律与风机 I 内的气流基本相同。在风机叶片从点 A 运动到点 B 的过程中,随着清选负荷的增大,此区域的气流速度逐渐降低。与风机 I 出风口 1 处的气流速度相比,风机 II 出风口 1 处的气流速度有所增大。随着清选负荷的增大,各出风口处的气流速度均有不同程度的降低。气流在风机内部的流动整体比较顺畅,风机各出风口的气流速度分布较为合理,均无涡流现象出现,有利于提高清选性能。

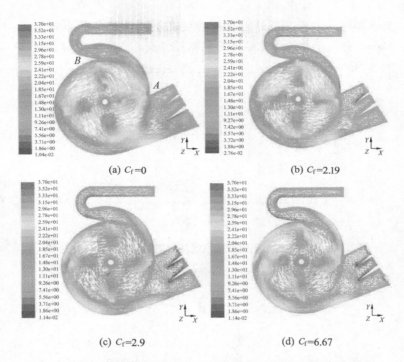

(a) $C_f=0$　　　　　　　　　(b) $C_f=2.19$

(c) $C_f=2.9$　　　　　　　　(d) $C_f=6.67$

图 2.20　不同阻力系数下风机 Ⅱ 的内部气流速度矢量图

风机 Ⅱ 各出风口处的气流流量随阻力系数的变化规律如图 2.21 所示,从图中可以看出,风机 Ⅱ 出风口 4 处的气流流量最大,剩余各出风口处的气流流量相差不大。风机空载时各出风口处的气流流量达到最大值,随着清选负荷的增大,各出风口处的气流流量逐渐降低。比较图 2.18 和图 2.21 发现,风机 Ⅱ 各出风口处的气流流量下降的速率低于风机 Ⅰ。

风机 Ⅱ 各出风口处的气流速度随阻力系数的变化规律如图 2.22 所示,从图中可以看出,风机 Ⅱ 各出风口处的气流速度随清选负荷的增大而减小,相对于风机 Ⅰ,风机 Ⅱ 各出风口处的气流速度平均值下降幅度不大。清选负荷对出风口 1 处的气流速度的影响最小,不同清选负荷下出风口 1 处的气流速度均大于水稻籽粒的漂浮速度(6~8 m/s),有利于发挥出风口 1 的预

清选作用。出风口 4 处的气流速度在不同清选负荷下均大于
9 m/s,有利于在清选筛尾部形成吹托气流。

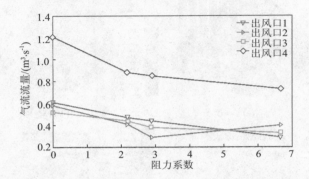

图 2.21　风机 Ⅱ 各出风口处的气流流量随阻力系数的变化规律

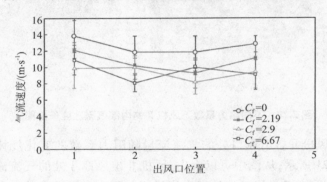

图 2.22　风机 Ⅱ 各出风口处的气流速度随阻力系数的变化规律

进一步分析图 2.20 所示的风机 Ⅱ 内部气流速度矢量图可
知,风机 Ⅱ 出风口 1 处的气流速度分布最为均匀,在出风口高度
方向上基本呈层状分布。均匀的上风道气流速度可使进入清选
室的脱出混合物受力一致,脱出混合物各成分在振动筛面的落
点沿筛面宽度方向均匀分布,有利于加速脱出混合物在清选室
内的分层、透筛过程。不同清选负荷下,风机 Ⅱ 出风口 1 处的气
流速度均大于短茎秆、轻杂余的漂浮速度(见图 1.10),此时短
茎秆和轻杂余可被快速吹出机外,减轻后续清选负荷。下风道

各出风口处的气流速度随清选负荷的增大而下降,但各出风口处的气流速度较为均匀,有利于在清选室内形成较为合理的气流场分布。

2.4.3　清选负荷对风机Ⅲ内部气流场分布的影响

从图 2.23 所示的风机Ⅲ内部气流速度矢量图可以看出,风机Ⅲ的内部气流速度比风机Ⅰ和风机Ⅱ的内部气流速度高,随着清选负荷的增大,风机内部及风机各出风口处的气流速度逐渐减小。清选负荷对风机Ⅲ出风口 4 处的影响尤为显著,随着清选负荷的增大,出风口 4 处气流流量的下降速率较大,气流密度减弱显著。由于出风口 4 处的气流主要覆盖清选筛面的中后部,较小的气流速度会导致大量短茎秆沉降到籽粒搅龙,导致粮箱籽粒含杂率增大;短茎秆进入二次杂余搅龙的概率增大,影响清选效率。

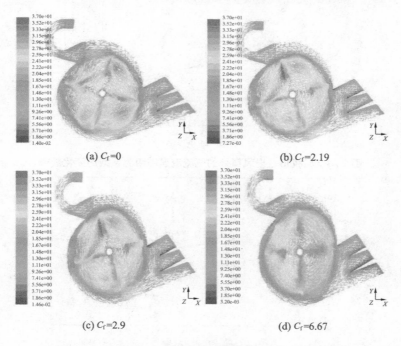

(a) $C_f=0$　　　　　　　　　　(b) $C_f=2.19$

(c) $C_f=2.9$　　　　　　　　　　(d) $C_f=6.67$

图 2.23　不同阻力系数下风机Ⅲ的内部气流速度矢量图

风机Ⅲ各出风口处的气流流量随阻力系数的变化规律如图 2.24 所示,从图中可以看出,各出风口在不同清选负荷下的气流流量与风机Ⅰ和风机Ⅱ的差别较小。当阻力系数在 0~2.9 范围内时,各出风口处气流流量的下降速率较大;而当阻力系数在 2.9~6.67 范围内时,气流流量的下降速率减慢。

风机Ⅲ各出风口处的气流速度随阻力系数的变化规律如图 2.25 所示,从图中可以看出,风机Ⅲ各出风口处的气流速度随清选负荷的增大而减小,清选负荷对出风口 3 和出风口 4 处的气流速度的影响最大,最小气流速度约为 3 m/s,与短茎秆的漂浮速度相接近,运动到此处的短茎秆会进入二次杂余搅龙,影响清选效率。

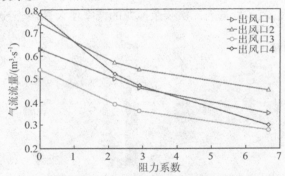

图 2.24　风机Ⅲ各出风口处的气流流量随阻力系数的变化规律

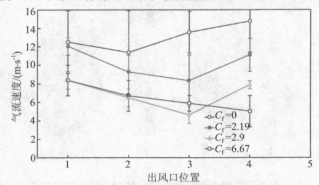

图 2.25　风机Ⅲ各出风口处的气流速度随阻力系数的变化规律

进一步分析图 2.23 所示的风机 Ⅲ 内部气流速度矢量图可知,在无清选负荷情况下,风机 Ⅲ 各出风口处的气流速度分布较为均匀,在出风口高度方向上基本呈层状分布。在有清选负荷的情况下,清选负荷越大,下风道各出风口处的气流速度沿筛面宽度方向的分布越不均匀,基本呈现出"左高右低"的规律,不利于在清选室内部形成较为合理的气流场分布。因此,风机 Ⅲ 不适合在高清选负荷下作业。

2.5　不同清选负荷下风机各出风口处气流流量的变化对比

当量阻力系数为 6.67 时,不同风机各出风口处气流流量的对比情况如图 2.26 所示。从图 2.26 可以看出,风机 Ⅱ 各出风口处的气流总流量最大,风机 Ⅰ 气流总流量最小,且风机 Ⅰ 和风机 Ⅲ 的各出风口处的气流流量相差不大。相对于风机 Ⅱ,风机 Ⅰ 和风机 Ⅲ 的出风口 4 处的气流流量较小,较小的气流流量不利于在清选筛部位形成回升气流。

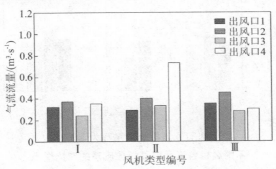

图 2.26　当量阻力系数为 6.67 时不同风机各出风口处气流流量的对比情况

由以上分析可以得知,风机 Ⅰ 和风机 Ⅲ 不适用于清选负荷较大的场合。风机 Ⅱ 出风口 3 处的气流流量较小,不利于脱出混合物在清选筛中部的快速分散、透筛,短茎秆进入籽粒搅龙的概率增加。此时要想获得较好的清选性能，应增加风机转速使风机Ⅱ出风口1处的气流速度快速增大，使脱出混合物在清选筛面的初始落点位于清选筛中部、出风口3处气流的覆盖区域，并适度减小鱼鳞筛开度，增加一个斜向清选筛后方的气流，使短茎秆快速后移并在出风口4处气流的加速作用下被排出清选室，提高粮箱籽粒清洁度。

当量阻力系数为2.9,2.19,0时，不同风机各出风口处气流流量的对比情况如图2.27、图2.28和图2.29所示。对比图2.27、图2.28和图2.29可以看出，随着当量阻力系数的减小，各出风口处的气流流量逐渐增大，其中风机Ⅱ的增加幅度最大。对风机Ⅱ而言，清选负荷对其出风口4的影响最大，经计算，其气流速度在不同清选负荷下均大于9 m/s。另外，风机Ⅱ出风口1、2和3处的气流流量也较为均衡，即使在较高清选负荷下，风机Ⅱ各出风口处的气流分布仍较为合理。

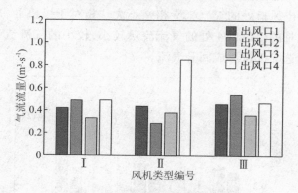

图 2.27　当量阻力系数为 2.9 时
不同风机各出风口处气流流量的对比情况

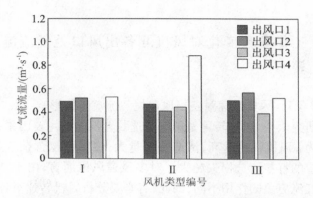

图 2.28　当量阻力系数为 2.19 时不同风机各出风口处气流流量的对比情况

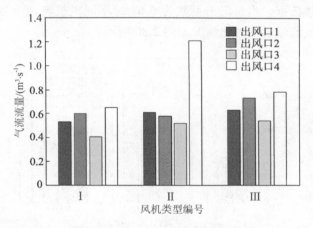

图 2.29　空载时不同风机各出风口处气流流量的对比情况

综合以上分析可知,风机 II 的气流总流量达 2.92 m³/s,可满足不同喂入量下清选装置对气流速度和气流流量的要求;不同清选负荷下的数值模拟结果表明,该风机具有合理的工作特性曲线,各出风口处的气流流量分布合理,有利于在清选室内形成理想的气流场分布。

2.6 工作参数变化对风机 II 各出风口处气流流量的影响

2.6.1 风机转速对各出风口处气流流量的影响

研究表明,风机转速是影响清选装置性能的主要因素,具体表现为:风机转速越高,清选效率越大,粮箱籽粒含杂率越低,但对应的籽粒清选损失越大。对多风道风机而言,由于其不同风道气流肩负的作用不同,因此,有必要分析风机转速对各出风口处气流流量的影响,为编写清选装置工作参数自适应控制策略提供依据。当量阻力系数为 6.67 时不同风机转速下各出风口处气流流量的对比情况如图 2.30 所示。

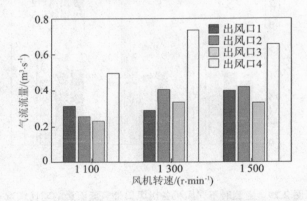

图 2.30   不同风机转速下各出风口处气流流量的对比情况

从图 2.30 可以看出,在不同风机转速下,各出风口处气流流量的差异显著,具体表现为:风机转速由 1 100 r/min 提高到 1 500 r/min 的过程中,风机各出风口处的气流总流量由 1.3 m^3/s 上升到 1.8 m^3/s。在此过程中,风机转速对出风口 1 的影响较为显著,其气流流量由 0.288 m^3/s 上升到 0.40 m^3/s,出风口 4 处的气流流量由 0.49 m^3/s 上升到 0.65 m^3/s。从图 2.31 所示的风机内部气流速度矢量图可以看出,随着风机转速的提高,风机内部气流速度显著增加。从图 2.31(a),(b)可以看出,随着风机转速的提高,蜗壳型线末端处的气流速度也有所增加。这是由于风机叶片的快速转动带动蜗壳内部气流快速旋转,气体分子的动能显著增加,使得与风机叶片接触的气流速度显著增加,气流有序地沿着蜗壳的型线方向流动并被引导至蜗壳型线末端,被加速的气流从蜗壳型线末端通过风机出风口 4 导出,进而使出风口 4 处的气流速度增大。在风机转速较低时,气流被吸附至风机中心,随风机叶片在蜗壳内旋转,使得各出风口处的气流流量较低。

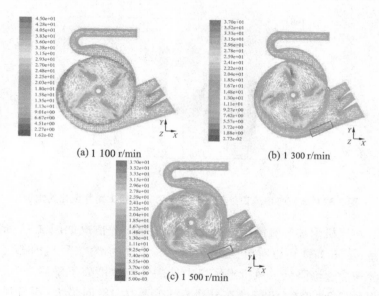

(a) 1 100 r/min

(b) 1 300 r/min

(c) 1 500 r/min

图 2.31　不同风机转速下风机内部气流速度矢量图

2.6.2　分风板 I 角度对各出风口处气流流量的影响

风机各出风口处的气流流量随分风板 I 角度变化的情况如图 2.32 所示。试验结果表明,分风板 I 角度从 18°增大到 45°的过程中,风机排出气流的总流量由 2.18 m³/s 减小至 1.34 m³/s。分风板 I 角度对出风口 3 处气流流量的影响最大,出风口 3 处的气流流量随分风板 Ⅰ 角度的增大而下降；在分风板 Ⅰ 角度由 30°增大到 45°的过程中，由于出风口 3 的截面积变小，其气流流量由 0.335 m³/s 快速减小至 0.029 m³/s，此时清选筛中部气流速度较低，不利于脱出混合物的快速后移，会导致粮箱的籽粒含杂率升高。风机出风口 1 处的气流流量随分风板 Ⅰ 角度的增大呈现出"先快速减小后小幅增大"的趋势，出风口 2 处的气流流量随分风板 Ⅰ 角度的增大有逐步减小的趋势。出风口 4 处的气流流量在分风板 Ⅰ 角度为 30°时达到最大值，约为 0.73 m³/s。

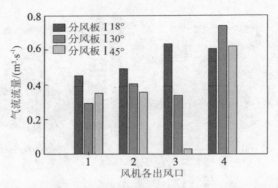

图 2.32　风机各出风口处的气流流量随分风板 Ⅰ 角度变化的情况

　　风机内部气流场随分风板 Ⅰ 角度变化的情况如图 2.33 所示，从图 2.33 可以看出，随着分风板 Ⅰ 角度的增大，风机内部气流速度逐渐降低。风机出风口 1 处的气流速度先下降后上升，出风口 2 处的气流速度在分风板 Ⅰ 角度为 18°时最大；而分风板 Ⅰ 角度对出风口 3 处气流速度的影响最大，随分风板 Ⅰ 角度的增大，其气流速度随出口界面的减小而减小。为在清选室内形成理想的气流场分布，在实际过程中应尽力避免分风板 Ⅰ 角度过大而造成较大的能量损失。

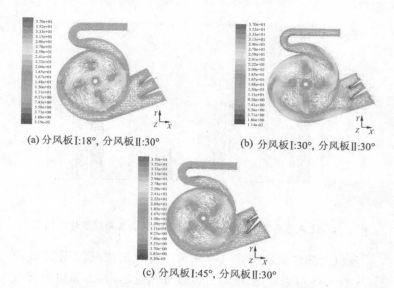

(a) 分风板Ⅰ:18°, 分风板Ⅱ:30°　　　　(b) 分风板Ⅰ:30°, 分风板Ⅱ:30°

(c) 分风板Ⅰ:45°, 分风板Ⅱ:30°

图 2.33　风机内部气流场随分风板 Ⅰ 角度变化的情况

2.6.3　分风板 Ⅱ 角度对各出风口处气流流量的影响

风机各出风口处的气流流量随分风板 Ⅱ 角度变化的情况如图 2.34 所示,从图 2.34 可以看出,随着分风板Ⅱ角度从 18°增大到 45°,风机排出气流的总流量先由 1.6 m^3/s 增大至 1.76 m^3/s,然后基本保持不变。分风板 Ⅱ 角度对出风口 1 和出风口 4 处的气流流量基本无影响,对风机出风口 2 和出风口 3 处的气流流量有较大影响,具体表现为:在分风板 Ⅱ 角度由 18°增大到 30°的过程中,出风口 2 处的气流流量基本无变化,而在分风板 Ⅱ 角度由 30°增大到 45°的过程中,其气流流量由 0.40 m^3/s 减小至 0.23 m^3/s。对出风口 3 而言,在分风板 Ⅱ 角度由 18°增大到 45°的过程中,其气流流量由 0.16 m^3/s 增大至 0.43 m^3/s。

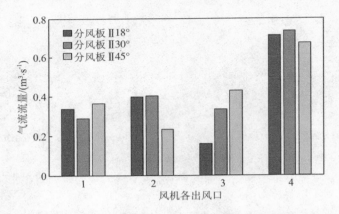

图 2.34　风机各出风口处的气流流量随分风板 II 角度变化的情况

　　风机内部气流场随分风板 II 角度变化的情况如图 2.35 所示,从图 2.35 可以看出,随着分风板 II 角度的增大,风机内部气流速度先增大后减小,同时,风机出风口 1 处的气流呈层状分布,气流速度先减小后增大,气流速度分布在 7~10 m/s 范围内,能够对脱出混合物起到较好的预清选作用。出风口 2 和出风口 3 处的平均气流速度在分风板 II 角度为 30°时最小,而分风板 II 角度较小时出风口 2 处的气流速度分布不均匀,容易在清选室产生气旋,使得运动到此部位的脱出混合物无法得到持续的气流吹托作用。改变分风板 II 角度对出风口 4 处的气流速度基本无影响。

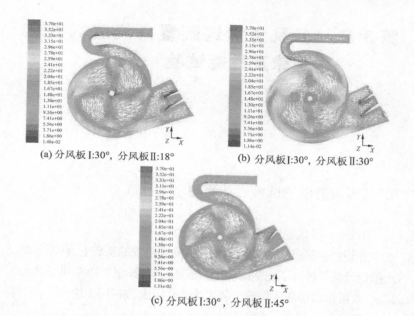

(a) 分风板 I:30°，分风板 II:18°　　　(b) 分风板 I:30°，分风板 II:30°

(c) 分风板 I:30°，分风板 II:45°

图 2.35　风机内部气流场随分风板 II 角度变化的情况

第3章　多风道清选装置内气流场变化规律及性能试验

3.1　多风道清选试验台的研制

3.1.1　多风道清选装置三维设计

在设计多风道离心风机和多风道清选装置的基础上,利用三维虚拟设计软件设计了完整的多风道清选装置,其主要由多风道离心风机、双层振动筛和回程输送装置等部件组成,如图3.1所示。

图 3.1　多风道清选装置结构

3.1.1.1　双层振动筛结构

研究表明,鱼鳞筛可引导气流吹除轻杂质和排送短茎秆,性能较好,各个鱼鳞筛片的转轴是联动的,可同时改变开度,筛面不易堵塞、生产效率高,因此,为提高清选效率,上层清选筛选用鱼鳞筛。由于编织筛的分离面积大、籽粒通过性好且质量轻,可用于清选透过鱼鳞筛片的短茎秆,因而振动筛的下层选用编织筛结构。设计的振动筛结构示意图如图 3.2 所示,主要部件结构参数如表 3.1 所示。在振动筛下的抖动板下方设置了流线型导风弧板,该结构能有效减弱下抖动板对风机各出风口处气流的阻挡作用,有利于在流线型导风弧板尾部形成上翘的高速气流,改善清选性能,增加清选装置对不同脱出混合物的清选适应性。

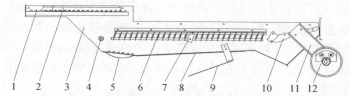

1—抖动板;2—脱出物导流条;3—筛箱;4—筛箱支撑轴及轴承;
5—导风弧板;6—鱼鳞筛;7—鱼鳞筛开度调节块;8—编织筛;
9—密封胶皮;10—尾筛;11—振动筛驱动机构;12—皮带轮

图 3.2　振动筛结构示意图

表 3.1　双层振动筛的结构参数

项目	参数
筛体总长度 L/mm	1 910
筛体总宽度 B/mm	937
抖动板参数(阶梯长×高)/mm×mm	30×15
上抖动板长度 L_1/mm	662
下抖动板长度 L_2/mm	230
抖动板宽度 B_d/mm	933
上筛类型	鱼鳞筛
筛片总数/个	28
筛片间距 Δ_1/mm	35
下筛类型	编织筛
筛孔尺寸(长×宽×钢丝直径)/mm×mm×mm	22×22×ϕ 2.5
编织筛尺寸(长×宽)/mm×mm	758×937
尾筛筛片长度 L_3/mm	150
尾筛筛片总数/个	24
尾筛筛片间距 Δ_2/mm	30
上抖动板与上筛面之间的距离 H_2/mm	130

3.1.1.2　回程输送装置结构

现有切纵流联合收获机上纵轴流滚筒产生的混合物直接进入清选筛面,脱出混合物在筛面上的分布并不均匀,呈现出两侧多、中间少的分布状态,导致传统清选装置的清选性能较差。回程输送装置的主要作用是将从纵轴流滚筒脱出的混合物输送到清选室前方并使脱出混合物以均匀薄层状进入清选室。脱出混合物进入清选室后各成分受力均匀,大部分脱出混合物都能处于流化状态,有利于籽粒在清选室内的快速分散、透筛。回程输送装置位于振动筛上方 300 mm 左右,其结构型式与抖动板基本相同,如图 3.3 所示,主要结构参数如表 3.2 所示。

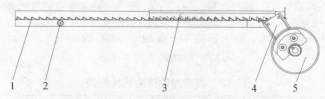

1—回程板；2—回程板支撑轴及轴承；3—导流条；
4—回程输送装置驱动机构；5—皮带轮

图 3.3　回程输送装置结构示意图

表 3.2　回程输送装置结构参数

项目	参数
输送板总长度 L/mm	1 181
输送板总宽度 B_h/mm	937
抖动板参数(阶梯长×高)/mm×mm	30×15
回程输送抖动板长度 L_{h1}/mm	1 183
回程输送抖动板宽度 B_{h2}/mm	933

3.1.2　多风道清选室内气流场数值模拟

清选室内的气流分布决定着清选装置的清选性能和清选效率,国外研究学者对适用于大喂入量联合收获机的清选装置内部气流场,进行了大量卓有成效的研究。研究结果表明,配置多风道离心风机的清选装置,其前部的气流速度一般分布在 7～

9 m/s,中部气流速度分布在 5~6 m/s,尾部气流速度分布在 3~
4 m/s(清选装置内部无物料),此时,清选装置在处理收获的小
麦脱出物时清选性能和清选效率较好。为缩短清选装置设计周
期,本书首先利用 Fluent 软件数值模拟清选装置内部无物料时
的气流分布,检验所设计多风道清选装置内部气流场分布的合
理性,再在此基础上加工制作多风道清选装置样机,详细研究不
同工作参数下清选装置内部气流场的变化规律。在利用三维虚
拟设计软件搭建多风道清选装置的基础上,构建相应的流道计
算模型。为减少计算量,只取整个流道计算模型体积的一半进
行内部气流场数值模拟。运用非结构网格单元,采用组合网格
划分方法来构建清选装置计算域网格,风机各出风口与清选室
接口采用 Interface 面交换计算数据。最终组合得到多风道清选
装置的计算域网格模型如图 3.4 所示。

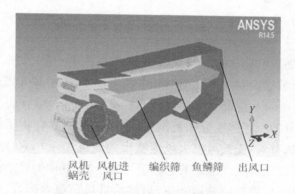

风机　　风机进　　编织筛　　鱼鳞筛　　出风口
蜗壳　　风口

图 3.4　多风道清选装置网格模型

利用 Fluent 软件对清选室气流分布数值模拟时,采用基于
压力的半隐式方法(SIMPLE),无滑移壁面,离散格式为二阶迎
风格式,设置工作压力为 1 个大气压,进出口边界条件为:风机
入风口处设置为压力入口,清选装置尾部出风口设置为压力出
口,风机转速 1 300 r/min,其他保持默认设置。数值模拟时风机
旋转部件先设置为移动参考坐标系模型至系统收敛状态,再把

风机旋转部件设置为动网格模型计算至稳定,计算得到的气流速度在清选室内的分布如图 3.5 所示。

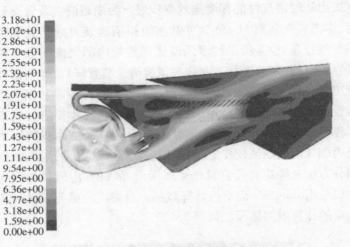

图 3.5　清选室内部气流速度分布云图

从图 3.5 所示的气流速度在清选室内的分布云图可以看出,清选装置前部的气流速度分布在 7~9 m/s,中部气流速度分布在 5~6 m/s,尾部气流速度分布在 2~4 m/s。结合脱出混合物各成分的漂浮速度分布范围可以看出,脱出混合物呈瀑布状进入清选室时,先被风机上风道吹出的气流(7~9 m/s)进行预清选,经过预清选处理后的物料层开始松散,其中的轻杂余直接被吹出机外,物料的总量变少,后续清选负荷显著减轻。随后,物料在筛面中部气流(5~6 m/s)的作用下大多处于流化状态并从筛面前方不断向后跳跃,筛面上物料组分与层厚不断变化,经过气流的多次作用,大部分籽粒完成透筛过程而进入籽粒搅龙,短茎秆在尾部气流(2~4 m/s)和尾筛的联合作用下被抛出机外。由数值模拟的结果可知,清选室内的气流速度分布与德国 Heinz-Dieter Kutzbachb 教授推荐的气流速度分布大致相符,证明设计的多风道清选装置应该会有较好的清选效果。

3.1.3　多风道清选试验台结构与功能

在单风道清选装置结构参数基础上,集成所设计的多风道离心风机、回程输送装置和双层振动筛,研制了由机架、进料装置、双层振动筛、杂余收集搅龙、籽粒收集搅龙、清选离心风机、三相异步电动机、回程输送装置、工作参数调节装置,以及作业状态在线监测与控制系统等组成的多风道清选试验台。研制的多风道清选试验台结构如图 3.6 所示,实物图如图 3.7 所示。

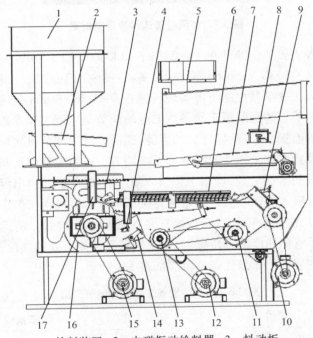

1—给料装置；2—电磁振动给料器；3—抖动板；
4—分风板Ⅰ调节装置；5—籽粒垂直搅龙；6—振动筛；7—回程板；
8—杂余垂直搅龙；9—尾筛；10—振动筛驱动电机；11—杂余水平搅龙；
12—籽粒/杂余搅龙驱动电机；13—籽粒水平搅龙；14—分风板Ⅱ调节装置；
15—风机驱动电机；16—多风道离心风机；17—风机进风口开度调节装置

图 3.6　多风道清选试验台结构示意图

图 3.7　多风道清选试验台实物图

　　各主要工作部件在 4 台西门子 1LEO001 型 5.5 kW 三相异步电动机(380 V,50 Hz,两极,大基频)的驱动下工作,三相异步电动机在变频器控制下可实现转速在 0~1 500 r/min 范围内的无级调节。清选装置工作参数的电动调节是实现工作参数自动调节的前提,以电动推杆为动力源,通过设计的调节机构可实现清选装置主要工作参数的电动无级调节。进料装置包括料箱和电磁振动给料装置,能以 1.0~4.0 kg/s 的喂入量把脱出混合物均匀地喂入清选装置。杂余搅龙包括杂余水平搅龙与杂余垂直搅龙,二次杂余可输回回程输送装置进行二次清选。清选室内布置了气流速度测量传感器,可实时获取各测点处的气流速度。清选装置各工作部件调节范围如表 3.3 所示。

表 3.3　清选装置各工作部件调节范围

项目	调节方式	调节范围
回程板长度/mm	手动更换	900/1 100/1 300
回程板振动频率/Hz	无级调节	4~9
振动筛振动频率/Hz	无级调节	4~9
风机转速/(r · min^{-1})	无级调节	0~1 500
籽粒搅龙转速/(r · min^{-1})	定速	800
杂余搅龙转速/(r · min^{-1})	定速	1 000

续表

项目	调节方式	调节范围
鱼鳞筛开度/mm	无级调节	20~30
分风板 I 角度/(°)	无级调节	8~45
分风板 II 角度/(°)	无级调节	13~45

3.1.3.1　鱼鳞筛开度电动调节装置

鱼鳞筛开度电动调节装置由连接板、连杆、方向转换件、直流电动缸、连接销、支撑轴、直线位移传感器和支撑板组成。直流电动缸在多风道清选装置作业状态在线监测与控制系统的控制下带动方向转换件运动,最终完成鱼鳞筛开度调节。设计的鱼鳞筛开度电动调节装置如图 3.8 所示。

1—位移传感器; 2—电动推杆; 3—方向转换件;
4—鱼眼杆端关节轴承; 5—连接片; 6—主动鱼鳞筛片

图 3.8　鱼鳞筛开度电动调节装置

3.1.3.2　分风板角度电动调节装置

分风板角度电动调节装置主要包括电动推杆、鱼眼杆端关节轴承、方向转换件、分风板等部件。调节过程中,该装置以直线电动推杆为动力源,通过电动推杆驱动相关机构进而实现分风板角度的调节。研制的风机分风板角度电动调节装置如图 3.9 所示。

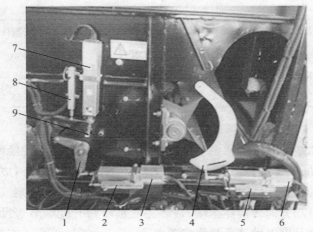

1—方向转换件；2—直线位移传感器1；3—电动推杆1；
4—进风口挡风板；5—直线位移传感器2；6—电动推杆2；
7—电动推杆3；8—直线位移传感器3；9—鱼眼杆端关节轴承

图3.9　风机分风板角度电动调节装置

3.1.3.3　多风道清选试验台的主要功能

　　研制的多风道清选试验台在在线监测与控制系统的控制下,可完成对试验台风机转速,风机进风口开度,风机上、下分风板角度,喂料速度,振动筛振动频率,回程板振动频率,籽粒/杂余搅龙转速,鱼鳞筛开度,筛面气流速度,籽粒清选损失等参数的实时采集和调节,该试验台的主要功能如下:

　　(1)根据不同脱粒分离结构(如单纵、双纵、多滚筒)下脱出混合物的分布规律,研究不同结构的回程均布装置,开发清选性能好、清选效率高的新型清选装置。

　　(2)可实时再现清选过程,通过试验可获得脱出物喂入量为 $1\sim4$ kg/s 时的草谷比、含水率及清选装置工作参数(风机进风口开度、出风口分风板角度、筛片开度、风机转速、振动筛振动频率、回程板振动频率等)与性能参数(清选损失率、籽粒含杂率、清选效率等),为探索适合大喂入量脱出混合物多风道清选装置的配置方案,构建基于风/筛耦合复杂气固两相流场的高效清选理论模型,验证、完善多风道清选装置设计方案提供装备保障。

（3）研究清选装置工作参数无级调节执行机构及工作原理,通过试验还可确定清选装置工作参数与性能参数之间的关联性,为构建主要工作部件运动控制规则奠定基础。操作系统预留程序扩展接口,可嵌入相关程序并能根据嵌入程序的输出量对清选装置的主要工作部件参数进行调整,还可用于验证、改进清选装置控制模型的控制精度。

3.1.4　清选室内气流速度数值模拟结果验证

3.1.4.1　VS110 型热线式风速仪简介

气流在清选室内的分布决定着清选系统的作业性能,准确获取各测点气流速度是合理优化工作参数组合的前提。常用的气流速度测定装置主要有热线式风速仪、叶轮式风速仪和皮托管风速仪等。与皮托管风速仪相比,热线式风速仪具有探头体积小,对流场干扰小,响应快,能测量非定常、低流速气流等优点。但在湍流中使用热线式风速仪测量气流速度时,来自各个方向的气流同时碰撞热元件,会导致热线式风速仪的示值往往高于转轮式风速仪的示值。叶轮式风速仪及皮托管风速仪只适于测量无杂质流体的流速。VS110 型热线式风速仪基于热扩散原理而设计,具有体积小、数字化程度高、安装方便、测量准确、适用于测量复杂工况下的气流速度等优点。VS110 型热线式风速仪的主要性能参数如表 3.4 所示。

表 3.4　VS110 型热线式风速仪的主要性能参数

项目	项目特征
结构型式	插入式
测量介质	各种无结露、可燃非易爆气体
测量原理	热扩散测量
管径	20 mm

续表

项目	项目特征
流速范围	0.5~50 m/s
准确度	±2.5%读数,±0.5%的满量程
工作温度	传感器：−20~150 ℃,转换器：−20~45 ℃
工作压力	介质压力≤1.0 MPa
供电电源	DC 24 V
响应速度	1 s
输出信号	4~20 mA,脉冲,RS-485(光电隔离),HART 协议
报警	2 路继电器常开触点：3 A/24 V(DC)
显示内容	标准风速、标况瞬时体积风量、瞬时质量风量、累积风量等

3.1.4.2 清选室不同测点气流速度采集软件

为监测不同工作参数组合下清选室内气流的变化规律,本书选用 VS110 型热线式风速仪采集清选室内气流速度,清选装置工作参数在线监测与控制系统通过 485 通信协议与 VS110 型热线式风速仪仪表通信,完成各测点气流速度的采集。

为适应不同情况下的需求,本书设计了两种数据存储模式:连续存储模式和点动存储模式。在连续存储模式下,软件会以 2 Hz 的采集频率连续保存各测点处的气流速度值;点动存储时,软件将会保存一次按下该按钮瞬间各测点处的气流速度。

3.1.4.3 气流场分布数值模拟结果验证

选用 VS110 型热线式风速仪测量清选装置内不同测点处的气流速度,并与各测点处的数值模拟结果进行对比,以验证数值模拟结果的正确性。筛面上、下的气流速度测点分布如图 3.10 所示。筛面上、下的风速仪分布如图 3.11 所示。

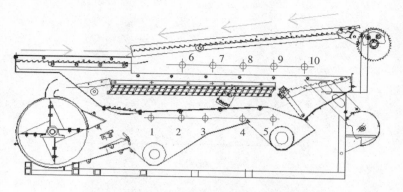

图 3.10　筛面上、下的气流速度测点分布示意图

风速仪　　鱼鳞筛片

图 3.11　筛面上、下的风速仪分布实物图

　　分析在线监测与控制系统实时记录的各测点处的气流速度,并从 Fluent 数值模拟结果中提取对应各点的气流速度,各测点处的气流速度实测值与模拟值的对比如图 3.12 所示。

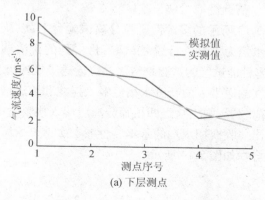

(a) 下层测点

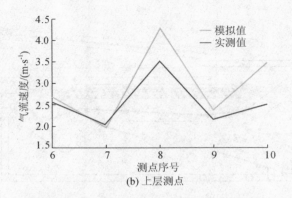

(b) 上层测点

图 3.12　筛面上、下测点处的气流速度实测值与模拟值对比

从图 3.12 可以看出,下层测点的实测值与模拟值之间的最大误差小于 10%;上层各测点中,测点 8 和测点 10 处的气流速度实测值与模拟值之间的误差较大,测点 8 处的误差在 20% 左右,测点 10 处的误差大于 30%。多风道清选装置内部各测点处的气流速度实测值的变化趋势与 Fluent 模拟值的变化趋势大体相同,这证明了数值模拟结果的正确性,由此可认为所设计的多风道清选装置的内部气流场分布是合理的。

3.2　多风道清选装置性能试验

3.2.1　清选性能检测试验物料准备

在图 3.13 所示的多滚筒脱粒分离试验台上,以从田里刚割取的新鲜水稻为物料进行脱粒试验,将得到的待清选脱出物作为清选装置性能试验的试验物料。设定输送带线速度为 1 m/s,均匀铺放在输送带上的新鲜水稻经喂入搅龙和输送槽依次进入各脱粒分离装置,脱出物经凹板筛分离后落入接料盒中,茎秆从排草口排出。收获期水稻的基本特性参数如表 3.5 所示。获取的脱出混合物如图 3.14 所示。

(a) 多滚筒脱粒分离试验台实物图

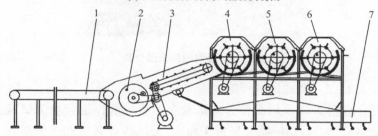

(b) 多滚筒脱粒分离试验台结构示意图

1—输送带；2—喂入搅龙；3—输送槽；4—第 I 切流脱粒分离装置；
5—第 II 横轴流脱粒分离装置；6—第 III 横轴流脱粒分离装置；7—料车

图 3.13　多滚筒脱粒分离试验台

表 3.5　收获期水稻的基本特性参数

项目	参数范围
植株高度/mm	750~850
穗头长度/mm	150~170
中茎粗/mm	5.5~6.5
中茎壁厚/mm	0.4~0.6
单穗枝数/枝	11~16
单穗粒数/粒	210~290
千粒质量/g	27~31
茎秆含水率/%	62~68
籽粒含水率/%	22~29
草谷比	2.20~3.01

图 3.14 获取的脱出混合物

3.2.2 清选性能检测方法

以图 3.13 所示脱粒分离试验台产生的脱出混合物为试验物料,选取风机转速、分风板 I 角度、分风板 II 角度和鱼鳞筛开度等工作参数为试验因素,在研制的多风道清选试验台上以 2.5 kg/s 的喂入量进行三因素三水平正交试验,以检验其清选性能。清选性能试验方法如下:在清选筛尾部一定范围内放置油布,收集产生的全部清选排出物,同时用接粮袋接取出粮口的全部籽粒(图 3.15)。油布接取的混合物经清选风机处理后,得到籽粒清选损失量。计算籽粒含杂率方法如下:首先称取接粮袋中的籽粒质量,然后利用 AGR-3 型清选风机吹出籽粒中混杂的短茎秆,获得洁净的籽粒,再次称取洁净籽粒的质量,进而可计算得到籽粒含杂率。试验结果如表 3.6 所示。

从表 3.6 可以看出,与传统的单风道清选装置相比,本书研制的多风道清选装置具有较好的清选性能,相关指标均优于单风道清选装置,证明所研制的多风道清选装置结构合理、参数匹配合适。

(a) 收集清选室排出物

(b) 用接粮袋接取籽粒

1—清选筛尾筛；2—接料油布；
3—清选室排出物；4—出粮口；5—接粮袋

图 3.15　清选性能检测试验过程

表 3.6　不同工作参数组合下的清选性能试验结果

编号	风机转速/ (r·min⁻¹)	分风板 I 角度/(°)	分风板 II 角度/(°)	鱼鳞筛 开度/mm	籽粒清选 损失率/%	籽粒含 杂率/%
1	1 100	8	13	30	0.26	1.03
2	1 100	27	29	25	0.42	1.22
3	1 100	45	45	20	0.16	2.01
4	1 300	8	45	20	0.39	0.76
5	1 300	27	13	30	0.69	0.63
6	1 300	45	29	25	0.53	1.22
7	1 500	8	29	25	1.28	0.94
8	1 500	27	45	20	1.80	0.75
9	1 500	45	13	30	0.78	1.26

3.3　多风道清选室内气流场变化规律研究

3.3.1　不同工况下清选室内不同测点处的气流速度

考虑到清选室结构的对称性,选取清选室宽度方向的 1/2 为研究对象,在筛面宽度方向(Y 方向)以 100 mm 的间距设置 5 列测点,在筛面长度方向(X 方向)以 180 mm 的间距设置 7 行测点,即筛面上共布置 35 个气流速度测点,运用 VS110 型热线式风速仪来监测清选装置内不同测点处的气流速度。气流速度测点分布如图 3.16 所示。

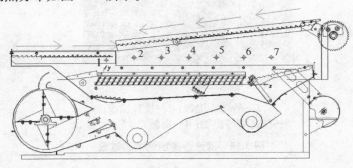

图 3.16　近筛面气流速度测点分布

如图 3.17 所示,不同工况下(工作参数组合见表 3.6)近筛面气流速度的分布规律如下。

(1)工况 1:在振动筛前端至风机上风道处,气流速度相对较大,气流速度最大可达 12.25 m/s。在风机上风道处,气流速度在横向上的分布不均匀,气流速度的最大值与最小值相差 4 m/s,呈现出"中间高、边缘低"的规律。风机上风道处的平均气流速度约为 10.5 m/s,轻杂余可被快速吹出机外。气流速度在筛面长度方向上逐渐减小,在筛尾处又有所回升。在筛面长度方向 360~720 mm 范围内,气流速度普遍较小,增加了短茎秆进入籽粒搅龙及二次杂余搅龙的概率。

(2)工况 2:在风机上风道处,气流速度在横向上的分布较为均匀,气流速度分布在 7.24~8.7 m/s 范围内,与籽粒的漂浮速度大体相当。此时,虽然轻杂余可与脱出混合物中的其他成分快速分离,但是气流不足以把清选室的籽粒吹散,可能会导致籽粒在清选筛前段堆积,影响清选效率。在筛面长度方向 540~900 mm 范围内,气流速度普遍较小,大量茎秆会进入粮箱,导致籽粒含杂率过高。

(3)工况 3:在风机上风道处,气流速度在横向上的分布较为均匀,气流速度分布在 9.7 m/s 左右。在筛面长度方向 0~180 mm 范围内,气流速度下降幅度较小,落到筛面的籽粒可被快速分散,短茎秆被吹到较远的位置,减小了短茎秆进入籽粒搅龙的概率,后续逐渐减小的气流速度有利于籽粒沉降。而筛尾处逐渐增大的气流速度有利于短茎秆快速排出清选室,减轻二次清选负荷。

(4)工况 4:气流速度分布较为合理。在筛面长度方向 360 mm 处,气流速度与工况 1~3 相比有所增加,可达 4~5 m/s,有利于籽粒的分散、透筛,大多数短茎秆会被输送至接近清选筛尾部位置,茎秆进入籽粒搅龙的概率较小,粮箱籽粒含杂率较低。在筛尾部,气流速度快速回升,气流速度可达 5.77 m/s,到达筛尾部的短茎秆在气流的吹托作用下可被迅速吹出清选室,但同时也会增大籽粒被吹出清选室的概率。

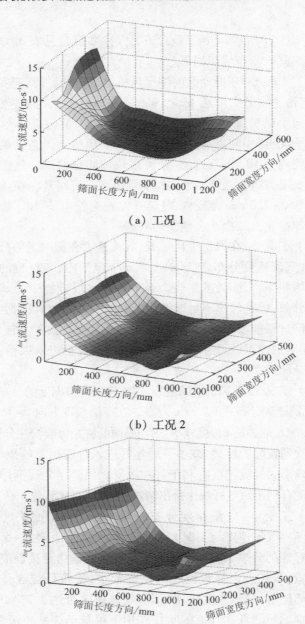

（a）工况 1

（b）工况 2

（c）工况 3

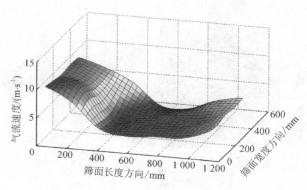

（d）工况 4

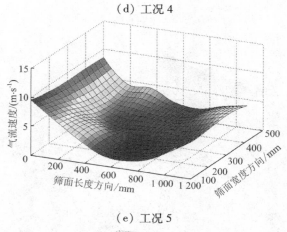

（e）工况 5

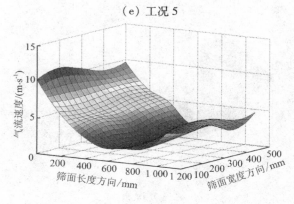

（f）工况 6

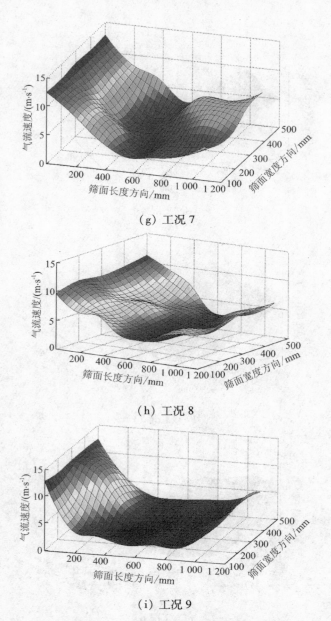

（g）工况 7

（h）工况 8

（i）工况 9

图 3.17　不同工况下清选室内近筛面气流速度的分布规律

（5）工况 5：风机上风道处的气流速度在 8.5 m/s 左右，与籽粒漂浮速度大小相当，籽粒有堆积在清选筛前部的可能。气流速度沿筛面长度方向逐渐减小，且在清选室横向的分布并不均匀。气流速度在筛面长度方向 540～720 mm 处达到最低值，短茎秆会进入籽粒搅龙，导致粮箱籽粒含杂率增大。

（6）工况 6：在风机上风道处，气流速度在横向上的分布较为均匀，气流速度分布在 10 m/s 左右。在筛面长度方向 0～180 mm 范围内气流速度较大，在强劲的上风道气流和振动筛的耦合作用下，短茎秆可被吹到较远的位置，降低了短茎秆进入籽粒搅龙的概率，后续逐渐减小的气流速度有利于籽粒沉降，而筛尾处逐渐增大的气流速度有利于进一步提高清选质量。

（7）工况 7：气流速度沿筛面宽度方向分布不均匀，气流速度起伏较大。随着清选过程的不断进行，不均匀的气流速度会导致脱出混合物在筛面局部堆积，造成清选室内气流紊乱。另外，清选筛前部（0～180 mm）的气流速度分布在 8～12 m/s 范围内，大于籽粒漂浮速度，籽粒以较大的初速度进入清选室。籽粒在振动筛和其他风道产生气流的作用下速度会继续增加，部分到达筛尾的籽粒会在筛尾部较大的气流速度作用下被抛出机外，进而造成较大的籽粒清选损失。

（8）工况 8：清选室内气流速度整体较大，但气流速度在筛面横向起伏较大。较大的风机上风道气流速度及筛尾气流速度会导致较大的籽粒清选损失。

（9）工况 9：气流速度在振动筛前端横向上的分布较为均匀，气流速度分布在 12.5 m/s 左右。在筛面长度方向 0～180 mm 范围内，气流速度下降幅度较大，籽粒会加速沉降至籽粒搅龙。此后气流速度显著降低，少部分短茎秆会进入籽粒搅龙。在筛面长度方向 720～900 mm 范围内，气流速度较为稳定。被风机上风道气流吹到筛尾的籽粒，在筛尾较强气流的作用下会被吹出机外，进而造成较大的籽粒清选损失。

3.3.2 不同测点处气流速度与清选性能关联性分析

为直观地分析不同测点处的气流速度随工作参数调整的变化规律,利用在工况 1~工况 9 下试验测得的气流速度,得到不同测点处的平均气流速度,如图 3.18 所示。

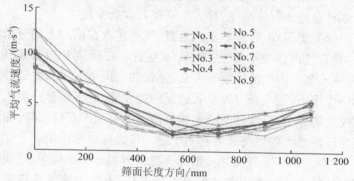

图 3.18 清选室内不同测点处的平均气流速度

从图 3.18 可以看出,不同工况下气流速度沿筛面长度方向的变化趋势大体相同,具体表现为:气流速度在风机上风道最大,在清选筛中部(500~900 mm 处)有所下降,在清选筛尾部区域(900~1 080 mm 处)有所回升。从台架试验结果可以看出,在工况 4 和工况 6 下籽粒清选损失率较低,由此得到清选室内不同测点处理想的气流分布范围,如图 3.19 所示。

从图 3.19 可以看出,清选室内理想的气流速度分布如下:风机上风道气流速度在 9 m/s 左右,清选筛中部气流速度范围为 4~6 m/s,清选筛尾部气流速度范围为 3~4 m/s,这与清选室内气流场数值模拟结果相接近,进一步证明了数值模拟结果的有效性。

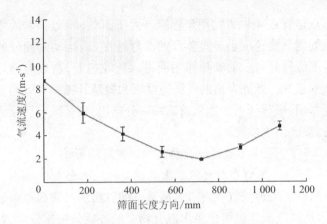

图 3.19　清选室内不同测点处气流速度的理想分布图

由清选装置的结构特点可知,不同工作参数对清选室内不同测点处气流速度的影响程度有较大差别,进而导致清选性能差异显著。对清选室内不同测点处气流速度与清选性能之间的关联性进行分析可知:

(1)风机上风道气流速度和筛尾气流速度回升幅度是影响籽粒清选损失的主要因素。具体表现为:风机上风道气流速度越大,进入清选室后籽粒初速度越大,籽粒在筛面的落点越远。大部分籽粒在气流和振动筛的耦合作用下,快速透过双层振动筛,干净的籽粒进入籽粒搅龙。少部分籽粒由于获得了较大的动能继续向筛尾方向运动,若此时气流速度回升较快,籽粒会获得较大的加速度,加速后的籽粒很容易逸出清选室,造成籽粒清选损失。因此,合适的风机上风道气流速度是保证获得较低清选损失的关键因素。

(2)清选筛前部 300～540 mm 处气流速度的降幅是影响粮箱籽粒含杂率的主要因素。进入清选室的脱出混合物在风机风道气流的作用下快速分散、分层,由脱出混合物中各成分的漂浮速度可知,各成分在清选室内的落点会出现明显的分区。相关研究结果表明,当气流速度在 8 m/s 左右时,短茎秆在清选室内

的落点位置在 X 轴方向距坐标原点大于 300 mm 处。若短茎秆落点处的气流速度小于短茎秆的漂浮速度,则运动到此处的短茎秆不能得到有效的吹托作用而进入籽粒搅龙,造成粮箱籽粒含杂率超标。此处合适的气流速度可为短茎秆提供有效的二次吹托作用,短茎秆可快速从清选室内分离出,显著减轻后续清选负荷,提高清选性能。

3.3.3 工作参数对清选室内气流速度的影响

3.3.3.1 工作参数对风机上风道处气流的影响

风机上风道处气流对进入清选室的脱出混合物起预清选作用,合适的气流速度可使脱出混合物中的各成分快速分离,籽粒群快速分散,杂余、短茎秆与籽粒在筛面上的落点分区明显,有利于籽粒后续透筛。若上风道气流速度过小,脱出混合物中的各成分无法得到有效的分离,大量脱出混合物落于筛前段,导致短茎秆进入籽粒搅龙,粮箱籽粒含杂率增大。上风道气流速度过大虽然有利于短茎秆和轻杂余的快速分离,但是过大的气流速度会使籽粒、短茎秆进入二次杂余搅龙,增加二次清选负担,甚至会把饱满籽粒直接吹出清选室,造成较大的籽粒清选损失。因此,上风道气流速度影响预清选效果。

选择风机转速、分风板 I 角度和分风板 II 角度作为试验因素,设计析因试验方案,分析清选装置工作参数对风机上风道气流速度的影响,为优化工作参数、提高清选性能提供参考。不同工况下的风机上风道气流速度如表 3.7 所示。

表 3.7 不同工况下的风机上风道气流速度

试验编号	风机转速/ ($r \cdot min^{-1}$)	分风板 I 角度/(°)	分风板 II 角度/(°)	气流速度/ ($m \cdot s^{-1}$)
01	1 300	27	29	8.43
02	1 100	8	13	8.40
03	1 500	45	45	13.32
04	1 500	8	29	11.91

续表

试验编号	风机转速/ ($r \cdot min^{-1}$)	分风板 I 角度/(°)	分风板 II 角度/(°)	气流速度/ ($m \cdot s^{-1}$)
05	1 500	27	29	9.78
06	1 300	45	13	9.97
07	1 500	45	13	11.7
08	1 100	8	45	9.0
09	1 300	8	45	10.4
10	1 100	27	29	6.79
11	1 100	45	29	8.7
12	1 500	45	29	12.46
13	1 300	45	29	10.85
14	1 100	45	13	8.13
15	1 500	8	13	11.82
16	1 300	8	29	10.4
17	1 300	27	45	8.72
18	1 500	27	13	8.7
19	1 100	27	45	7.26
20	1 500	27	45	10.43
21	1 300	8	13	10.4
22	1 100	27	13	6.67
23	1 300	45	45	11
24	1 500	8	45	12.6
25	1 300	27	13	7.88
26	1 100	8	29	8.5
27	1 100	45	45	9.6

从表 3.7 可以看出,不同工况下的气流速度有较大差异,不同工作参数组合下风机上风道气流速度的分布范围如图 3.20所示。

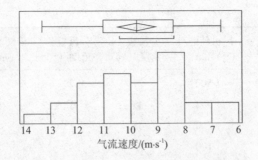

图 3.20　风机上风道气流速度的分布范围

结合图 3.20 和表 3.7 可以看出,风机上风道处的气流速度分布在 6.67~13.32 m/s 范围,经测算不同工况下的气流速度平均值约为 9.8 m/s。在表 3.7 所示 27 组试验中,约有 8 组试验的气流速度分布在 8~9 m/s 的范围内。

不同工作参数对气流速度影响的杠杆图如图 3.21 所示。从图 3.21 可以看出,风机转速对应杠杆图中不同风机转速下的气流速度离散程度较大,$P<0.001$;不同分风板 Ⅰ 角度对应的气流速度值的离散程度较小。因此,影响风机上风道气流速度的工作参数主次排序: 风机转速>分风板 Ⅱ 角度>分风板 Ⅰ 角度。风机转速、分风板 Ⅱ 角度对气流速度的影响规律如图 3.22 所示。

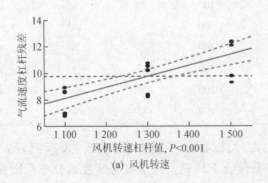

(a) 风机转速

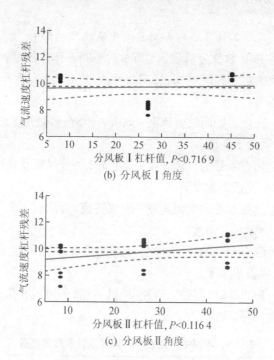

(b) 分风板 I 角度

(c) 分风板 II 角度

图 3.21　不同工作参数对气流速度影响的杠杆图

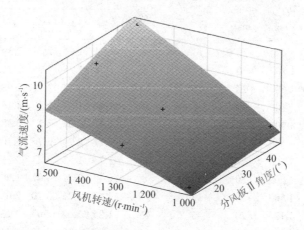

图 3.22　风机转速、分风板 II 角度对气流速度的影响规律

3.3.3.2　工作参数对各测点处气流速度的影响

运用 JMP 软件分析表 3.8 所示的不同工作参数对各测点处气流速度的影响程度可知,影响各测点处气流速度大小的主要工作参数为:

(1) 测点 3 处的气流速度:风机转速>鱼鳞筛开度>分风板Ⅱ角度>分风板Ⅰ角度。

(2) 测点 4 处的气流速度:风机转速>分风板Ⅱ角度>鱼鳞筛开度>分风板Ⅰ角度。

(3) 测点 5 处的气流速度:风机转速>分风板Ⅰ角度>鱼鳞筛开度>分风板Ⅱ角度。

(4) 测点 6 处的气流速度:鱼鳞筛开度>风机转速>分风板Ⅱ角度>分风板Ⅰ角度。

(5) 测点 7 处的气流速度:风机转速>分风板Ⅱ角度>分风板Ⅰ角度>鱼鳞筛开度。

表 3.8　不同参数组合下不同测点处的气流速度　　m/s

试验编号	风机转速/ $(r \cdot min^{-1})$	鱼鳞筛开度/ mm	分风板Ⅰ角度/ (°)	分风板Ⅱ角度/ (°)	测点编号				
					3	4	5	6	7
1	1 100	20	13	8	2.09	1.91	2.74	2.19	2.43
2	1 100	30	13	8	1.78	1.95	2.95	1.31	1.98
3	1 500	20	45	45	2.32	4.42	2.71	2.98	2.73
4	1 100	20	45	8	1.42	1.43	2.20	3.13	2.20
5	1 500	20	45	8	1.92	2.02	3.17	3.38	2.99
6	1 500	20	13	8	3.11	2.74	3.76	3.10	3.24
7	1 500	20	13	45	1.73	1.55	3.23	3.13	2.95
8	1 500	30	13	8	2.40	2.74	4.07	1.90	2.80
9	1 500	30	13	45	2.43	1.73	3.20	2.03	3.48
10	1 100	20	45	45	1.85	3.04	2.03	2.13	2.00
11	1 100	30	13	45	1.93	1.29	2.32	1.44	2.69
12	1 100	20	13	45	1.50	1.10	2.25	2.12	2.13

续表

试验编号	风机转速/ (r·min⁻¹)	鱼鳞筛开度/ mm	分风板Ⅰ角度/ (°)	分风板Ⅱ角度/ (°)	测点编号				
					3	4	5	6	7
13	1 100	30	45	45	1.84	1.53	1.93	1.36	1.83
14	1 500	30	45	8	2.48	2.67	5.46	2.02	3.03
15	1 100	30	45	8	1.73	1.89	3.89	1.43	2.15
16	1 500	30	45	45	2.73	2.23	2.68	2.06	2.62

从以上分析可知,影响各测点处的气流速度的主要工作参数并不相同,为进一步了解各测点处的气流速度随主要工作参数的变化情况,每个测点处选择两个主要工作参数作为变量,分析主要工作参数对各测点处气流速度的影响规律。

(1)清选装置工作参数对测点 3 处气流速度的影响

从图 3.23 可以看出,测点 3 处的气流速度与风机转速基本呈线性关系,其中风机转速由 1 100 r/min 增加到 1 300 r/min 时,测点 3 处气流速度的增加量比风机转速从 1 300 r/min 增加到 1 500 r/min 的大。测点 3 处的气流速度随着鱼鳞筛开度的增大,呈现出先增大后减小的趋势。

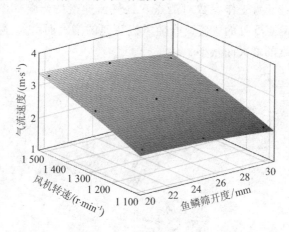

图 3.23 测点 3 处的气流速度随工作参数的变化规律

（2）清选装置工作参数对测点 4 处气流速度的影响

清选装置工作参数对测点 4 处气流速度的影响如图 3.24 所示。测点 4 处的气流速度与风机转速成正比，随着分风板 Ⅱ 角度的增大，测点 4 处的气流速度先减小后增大，气流速度在分风板 Ⅱ 角度为 29°时达到最小值。从图 3.24 可以明显看出，测点 4 处的气流速度主要受风机转速的影响。

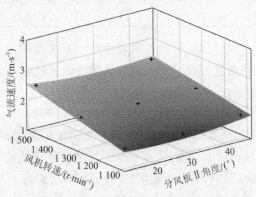

图 3.24　测点 4 处的气流速度随工作参数的变化规律

（3）清选装置工作参数对测点 5 处气流速度的影响

清选装置工作参数对测点 5 处气流速度的影响如图 3.25 所示。测点 5 处的气流速度随风机转速的增大而增大，随分风板 Ⅰ 角度的增大而减小。

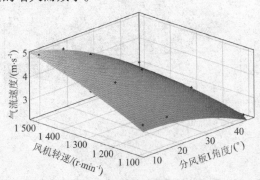

图 3.25　测点 5 处的气流速度随工作参数的变化规律

（4）清选装置工作参数对测点 6 处气流速度的影响

清选装置工作参数对测点 6 处气流速度的影响如图 3.26 所示。测点 6 处的气流速度随风机转速的增大而增大；随着鱼鳞筛开度的增大，气流速度呈现出先增大后减小的变化趋势，气流速度的下降速率大于升高速率。在鱼鳞筛开度为 25 mm 时，测点 6 处的气流速度达到最大值。

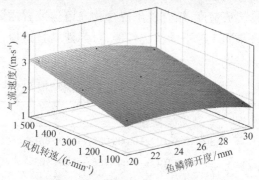

图 3.26　测点 6 处的气流速度随工作参数的变化规律

（5）清选装置工作参数对测点 7 处气流速度的影响

清选装置工作参数对测点 7 处气流速度的影响如图 3.27 所示。测点 7 处的气流速度随风机转速的增大而显著增大；随着分风板角度的增大，测点 7 处气流速度的变化不大，因此测点 7 处的气流速度主要受风机转速的影响。

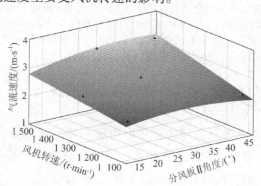

图 3.27　测点 7 处的气流速度随工作参数的变化规律

3.3.3.3 不同测点处气流速度预测数学模型

在获取各测点处气流速度及分析影响其主要影响因素的基础上,建立了各测点处气流速度预测模型,如表 3.9 所示。

对表 3.9 中建立的气流速度预测模型进行验证,实测值与模型计算值的最大相对误差 $\leqslant 3.56\%$,证明了所建立数学模型的准确性。应用表 3.9 所示的数学模型可预测不同工作参数下各测点处的气流速度,结合脱出混合物在清选装置内部的理想分布规律及不同工况下的清选性能,可为建立自适应清选策略提供参考。

表 3.9　不同测点处气流速度预测模型

测点	数学模型	R^2
1	$f(x,y) = -1.302 - 0.070\,03x + 0.008\,901y - 0.000\,221\,4x^2$	0.993 2
3	$f(x,y) = -1.914 + 0.070\,42x + 0.003\,706y - 0.001\,103x^2$	0.963 1
4	$f(x,y) = -5.07 + 0.327\,2x + 0.003\,477y - 0.005\,764x^2$	0.980 5
5	$f(x,y) = -2.398 + 0.054\,61x + 0.005\,709y - 0.001\,008x^2$	0.993 1
6	$f(x,y) = 2.592 - 0.090\,37x + 0.325\,7y - 0.265\,2x^2 +$ $0.013\,32xy - 0.007\,647y^2$	0.968 8
7	$f(x,y) = 2.777 + 0.066\,25x + 0.350\,8y + 0.010\,3x^2 +$ $0.011\,01xy - 0.038\,59y^2$	0.996 9

注:测点 1 中 x 为分风板 Ⅱ 角度;y 为风机转速;测点 3 中 x 为鱼鳞筛开度,y 为风机转速;测点 4 中 x 为分风板 Ⅱ 角度,y 为风机转速;测点 5 中 x 为分风板 Ⅰ 角度,y 为风机转速;测点 6 中 x 为鱼鳞筛开度,y 为风机转速;测点 7 中 x 为分风板 Ⅱ 角度,y 为风机转速。

3.4　多风道清选装置性能检测田间试验

将研制的多风道清选装置应用到 4LZ-5.0T 型联合收获机上,在江苏省靖江市东兴农场进行田间试验以验证其在收获水稻时的清选性能。田间试验的水稻品种为武运粳 24,试验水稻基本特性为籽粒含水率 24%、茎秆含水率 66%、草谷比 2.82、水稻千粒质量 26 g、产量 10 275 kg/hm²、作物自然高度 1.032 m。

田间试验按照国家标准 GB/T 8097—2008 规定的联合收割机试验方法进行,用网袋兜接所有清选抛出物,清选得到籽粒清选损失量;在粮箱内取样以测定籽粒含杂率。试验时割幅为 2.5 m,割茬高度为 17 cm。田间试验现场如图 3.28 所示,田间试验结果如表 3.10 所示。

网袋　标杆

图 3.28　应用多风道清选装置的联合收获机田间试验现场

表 3.10　应用多风道清选装置的联合收获机田间试验结果

试验序号	风机转速/(r·min⁻¹)	分风板Ⅰ角度/(°)	鱼鳞筛开度/mm	分风板Ⅱ角度/(°)	籽粒含杂率/%	籽粒清选损失率/%
1	1 100	7	19.5	20	0.96	1.06
2	1 100	17	30.5	30	1.25	0.25
3	1 100	27	24.0	40	0.92	0.31
4	1 300	7	30.5	40	0.85	0.45
5	1 300	17	24.0	20	0.90	0.10
6	1 300	27	19.5	30	0.83	0.27
7	1 500	7	24.0	30	0.72	0.54
8	1 500	17	19.5	40	0.81	0.65
9	1 500	27	30.5	20	0.61	0.51

从表 3.10 可以看出,利用该清选装置的联合收获机在收获

水稻时,籽粒清选损失率≤1.06%,籽粒含杂率≤1.25%,与单风道清选装置的清选性能相比,所研制多风道清选装置的清选性能显著提升。风机转速是影响籽粒清选损失的主要工作参数,而鱼鳞筛开度是影响粮箱籽粒含杂率的主要工作参数,这与台架清选试验结果相一致。

第4章 籽粒清选损失监测系统及试验

4.1 籽粒清选损失监测方法

联合收获机的籽粒清选损失是指在清选筛尾部随茎秆和杂余等一起排出的自由籽粒。本章研制高性能籽粒清选损失监测传感器,通过籽粒清选损失监测传感器实时监测其安装位置处混合物中的损失籽粒量,根据建立的籽粒清选损失监测数学模型,进而实现对籽粒清选损失的实时间接测量。清选损失监测原理示意图如图4.1所示。

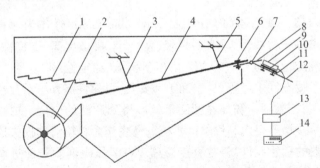

1—抖动板; 2—风机; 3—吊杆1; 4—清选筛; 5—吊杆2;
6—螺栓1; 7—螺栓2; 8—支架1; 9—螺栓3; 10—敏感元件;
11—柔性减震阻尼片; 12—支架2; 13—信号调制电路; 14—监测仪表

图4.1　清选损失监测原理示意图

从以上分析可以得出,高性能的籽粒清选损失监测传感器是能否准确获得籽粒清选损失的关键。现有籽粒清选损失监测传感器的监测原理多基于冲击压电效应,即在一块长方形金属板(敏感板)的中心位置安装压电元件,当脱出混合物下落碰撞金属板时,压电元件会将金属板所产生的机械振动转变为电信号,再通过信号处理的方法获取饱满籽粒冲击信号,进而计算得到清选损失量。由相关力学知识可知,压电元件、金属板材料、金属板厚度和型式对籽粒清选损失监测传感器的性能有显著影响。本章从优选压电元件、金属板材料和结构等角度入手,通过相关理论分析设计高性能的籽粒清选损失监测传感器。

4.2 不同压电材料下籽粒碰撞性能对比试验

籽粒碰撞敏感板振动形变量小,属于微冲击领域。为准确获取籽粒碰撞信息,选用合适的压电材料是关键。选择微冲击、碰撞领域中常用压电材料——PVDF 压电薄膜和压电陶瓷进行性能对比试验,探讨不同压电材料下籽粒碰撞输出信号的特征,为籽粒清选损失监测传感器的敏感元件选择合适的压电材料提供依据。

聚偏二氟乙烯(PVDF, polyvinylidene fluoride)作为一种新型的高分子材料,它具有质量轻、密度小、灵敏度高、柔韧性好、频率响应范围宽($0 \sim 50$ kHz)、声阻抗低、稳定性好、耐腐蚀、能够测量瞬态冲击过程、易于加工和安装、可靠性高和可重复性好等优点,在微冲击和加速度测量领域得到广泛的应用。邯郸学院的李俊峰等提出利用 PVDF 压电薄膜作为籽粒清选损失监测传感器的敏感元件,籽粒直接碰撞 PVDF 压电薄膜表面进而得到碰撞信号量。

选用 PVDF 压电薄膜作为敏感元件并用冷压端子将电极引出,为了防止表面划伤,在上、下表面均粘贴厚度为 0.1 mm 的 PET 塑封薄膜,制成 PVDF 压电薄膜传感器,如图 4.2(a)所示。经过试验发现,籽粒直接碰撞 PVDF 压电薄膜时,具有籽粒碰撞信号衰减迅速、单位时间内检测频率高等优点,籽粒碰撞 PVDF 压电薄膜产生的信号如图 4.2(b)所示。但传感器的信号电极裸露在外且各测量单元边缘密封不严,田间作业时易受影响,特别是收割湿度较大的作物时,会造成籽粒损失监测传感器电极间短路,进而导致籽粒损失监测传感器输出失灵;田间作业时潮湿的粉状脱出物会吸附在 PET 塑封薄膜上,长时间作业会在传感器表面造成大面积堆积,影响测量精度。PVDF 压电薄膜型籽粒损失监测传感器识别效果如图 4.2(c)所示。

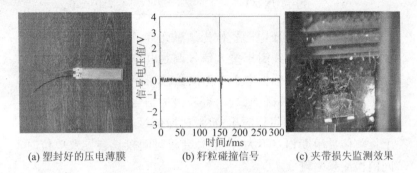

(a) 塑封好的压电薄膜　　　(b) 籽粒碰撞信号　　　(c) 夹带损失监测效果

图 4.2　PVDF 型籽粒损失监测传感器

作为重要的压电材料,压电陶瓷在压电材料领域占有相当大的比例。压电陶瓷同时具有正压电效应和逆压电效应,且极化后在垂直于极化方向的平面内是各向同性的,其频率响应范围为 0~20 kHz,能够响应最小为 0.001 mm 的微应变,即压电陶瓷灵敏度高且成本较低,特别适合动态量的测量。高灵敏度接收材料 YT-5L 型压电陶瓷具有适宜的介电常数、较高的灵敏度、高机电耦合系数,主要用于超声检测换能器、高灵敏度换能器、液位计换能器、加速度计换能器、流量计换能器等。YT-5L 型压电陶瓷的主要技术性能指标如表 4.1 所示。

表 4.1　YT-5L 型压电陶瓷的主要技术性能指标

项目	指标
压电常数 $d_{33}/(\text{pC/N})$	450
相对介电常数 $\dfrac{\varepsilon}{\varepsilon_0}/\text{kHz}$	1.0~1.7
声速 $c/(\text{m} \cdot \text{s}^{-1})$	2 000

续表

项目	指标
机电耦合系数 $\kappa_{33}/\%$	$60\sim74$
体积电阻率 $p/(\Omega \cdot cm)$	10^{13}
热释电系数 $p/[C \cdot (cm^2 \cdot K)^{-1}]$	40
探测灵敏度/$(m \cdot Hz^{1/2}W^{-1})$	10^{11}
使用温度 $t/℃$	$280\sim320$

选用 YT-5L 型压电陶瓷作为敏感元件,通过双导铜箔胶带制作电极并用屏蔽线引出接入信号调制电路,将制作好的敏感元件单元粘贴在敏感板中心对称位置,如图 4.3(a)所示。将敏感板固定,进行籽粒碰撞试验,籽粒碰撞信号特征如图 4.3(b)所示。从图 4.3(b)可以看出,籽粒碰撞信号电压幅值在 4 V 以上且整体灵敏度相差不大,但信号衰减时间较长会导致单位时间内检测频率较低。

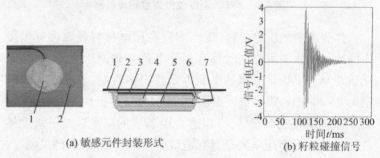

(a) 敏感元件封装形式   (b) 籽粒碰撞信号

1—敏感板;2—绝缘层;3—电极(+);4—压电陶瓷;
5—电极(-);6—保护层;7—信号线

图 4.3　敏感元件封装形式及冲击信号

综合考虑籽粒碰撞信号特征及成本,本书选择 YT-5L 型压电陶瓷作为敏感元件进行籽粒清选损失监测传感器设计,并通过优化籽粒清选损失监测传感器的结构来克服籽粒碰撞信号衰减时间过长的缺点。

4.3　水稻脱出混合物碰撞敏感板的力学特性

籽粒清选损失监测传感器的监测主要基于正压电效应,即在一块金属板的中心位置安装压电元件,当脱出混合物碰撞金属板时,压电元件将金属板所产生的机械振动转变为电信号,再通过信号处理的方法获取饱满籽粒碰撞信号,进而计算得到籽粒清选损失量。联合收获机清选室内的待清选脱出混合物主要由饱满籽粒、瘪谷、短茎秆(30~90 mm)和轻杂余等成分组成,由于各成分在质量、弹性模量和恢复系数等特性方面存在差异,因而不同成分碰撞敏感板时会造成碰撞信号电压幅值、频率的差异。因此,研究脱出混合物中各成分碰撞信号的差异是准确提取饱满籽粒碰撞信号的前提。在建立饱满籽粒和短茎秆物理模型的基础上,利用离散单元法数值模拟脱出混合物中各成分碰撞敏感板的力学特性,为后续信号处理电路的设计奠定基础。

4.3.1　水稻脱出混合物与敏感板碰撞瞬态响应过程分析

以饱满籽粒碰撞敏感板为例,碰撞过程如图 4.4 所示,动力学简化模型如图 4.5 所示。

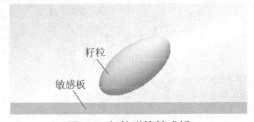

图 4.4　籽粒碰撞敏感板

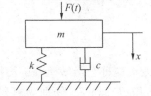

图 4.5　籽粒碰撞过程动力学简化模型

碰撞过程对应的动力学方程可表示为

$$y(t) + 2\zeta\omega_n y(t) + \omega_n^2 y(t) = bF(t) \tag{4-1}$$

式中，$y(t)$ 为系统的输出信号；ζ 为系统的阻尼比；ω_n 为系统的固有频率；$F(t)$ 为系统的输入信号；b 为系统的输入增益。

由于敏感板的阻尼损耗因子很小（约 0.002），且籽粒与敏感板的接触时间很短，籽粒碰撞敏感板的输出可看作是二阶系统的脉冲响应，籽粒碰撞响应可用以下方程来表示：

$$X(t) = \begin{cases} \dfrac{F}{m\omega_d} e^{-\zeta\omega_d t} \sin \omega_d t & (t > 0) \\ 0 & (t \leqslant 0) \end{cases} \tag{4-2}$$

式中，m 为敏感板质量；$\zeta = \dfrac{c}{c_c}$，c 为阻尼系数，c_c 为临界阻尼系数，$c_c = 2(mk)^{1/2}$，k 为敏感板刚度；$\omega_d = \sqrt{1-\zeta^2}\,\omega_n$，$\omega_n = (k/m)^{1/2}$。

根据能量守恒原理，水稻籽粒与敏感板对心碰撞过程中的碰撞法向力 F_n、最大碰撞变形量 α_{max} 及接触时间 t_i 可由式(4-3)、式(4-4)和式(4-5)给出：

$$F_n = \frac{4}{3} E^* R^{1/2} \alpha_n^{3/2} \tag{4-3}$$

$$\alpha_{max} \approx \left(\frac{15}{16} \frac{m v_n^2}{E^* R^{*1/2}} \right)^{2/5} \tag{4-4}$$

$$t_i \approx 2.94 \alpha_{max} / v_n \tag{4-5}$$

式中，α_n 为碰撞变形量；v_n 为法向接触速度；E^*，R^* 可以由以下各式表示：

$$E^* = \left(\frac{1-v_1^2}{E_1} + \frac{1-v_2^2}{E_2} \right)^{-1} \tag{4-6}$$

$$R^* = \frac{1}{R_1} + \frac{1}{R_2} \tag{4-7}$$

式中，v_1 和 v_2 分别为水稻籽粒与敏感板的泊松比；R_1 和 R_2 分别是两物体的接触半径；E_1 和 E_2 分别为籽粒与敏感板的弹性模量。

从式(4-4)和式(4-5)可以看出,不同成分碰撞敏感板产生的最大碰撞变形量及接触时间存在较大差异。从图4.6所示的籽粒碰撞信号可以看出,籽粒碰撞敏感板产生的是周期性衰减信号。碰撞信号电压与最大碰撞法向力 F_{nmax} 成正比,最大碰撞法向力 F_{nmax} 正比于最大碰撞变形量 α_{max},即碰撞力越大,碰撞变形量越大。从式(4-5)可以看出,碰撞接触时间也与最大碰撞变形量 α_{max} 成正比;碰撞力上升时间 t_r 是碰撞信号周期的 $1/4$,脱出混合物不同成分碰撞敏感板的最大碰撞法向力 F_{nmax} 与碰撞力上升时间 t_r 会导致信号电压幅值与频率的差异。因此,获取最大碰撞法向力 F_{nmax} 与碰撞力上升时间 t_r 是正确辨识脱出混合物中各成分碰撞信号的关键步骤。

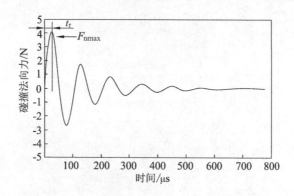

图4.6　籽粒碰撞敏感板法向力衰减变化过程

4.3.2　水稻脱出混合物与敏感板碰撞力学过程数值模拟

4.3.2.1　水稻籽粒、短茎秆的填充模型

水稻籽粒通常呈现为椭球体,通过定义无量纲参数粒径比 γ 来描述籽粒几何形态的差异。

$$\gamma = a/b \tag{4-8}$$

式中,a,b 分别为籽粒的长轴和短轴的长度,γ 的取值范围通常为 $1\sim3$。

由于非球体颗粒模型的数据结构非常烦琐,接触判断复杂,现有研究中主要采用球体模型来替代实际颗粒。然而,球体模型与实际物料的形态差别较大,仿真计算结果存在较大误差。非球体的组合球模型用多个球体的外包络面近似一个非球体的外形,将非球体的接触转化为球体接触,从而简化并统一了接触算法,使其能够适用于任意形状的物体。为了兼顾计算精度和计算量,本书通过将 7 个球体黏合在一起的方法,构建水稻籽粒模型。7 个球体的半径分别为 0.5,1.4,1.0,1.8,1.4,1.0,0.5 mm。短茎秆是一个中空结构,经测量其外径约为 5 mm,内径约为 4 mm。采用重叠球方法构建的水稻籽粒和短茎秆模型如图 4.7 所示。数值模拟过程中籽粒、短茎秆的特性参数和相关的接触参数设置如表 4.2 所示。

(a) 水稻籽粒

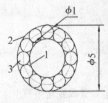 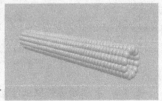

(b) 短茎秆

1—内壁；2—外壁；3—圆球

图 4.7 构建的水稻籽粒和短茎秆模型

表 4.2 DEM 仿真参数设置

材料特性	籽粒	短茎秆	敏感板
密度/($kg \cdot m^{-3}$)	1 350	160	7 850
泊松比	0.25	0.45	0.29
剪切模量/Pa	2.0×10^8	4.4×10^6	8.0×10^{10}

续表

接触特性	籽粒-籽粒	籽粒-敏感板	短茎秆-敏感板
恢复系数	0.43	0.5	0.26
静摩擦系数	0.75	0.56	0.8
滚动摩擦系数	0.01	0.01	0.01

4.3.2.2　水稻籽粒与敏感板碰撞运动过程

当碰撞角度 $\theta = 0°$ 或 $90°$ 时,籽粒与平面发生对心碰撞,即切向速度 $v_\tau = 0$,由于切向叠合量 $\delta_\tau = 0$,籽粒仅受到法向力 F_n 的作用,由于 F_n 通过质心,籽粒受到的转动力矩为零,因此,碰撞后籽粒将沿垂直方向反弹。当 $0° < \theta < 90°$ 时,籽粒与平面发生偏心碰撞,由于 F_n 不通过质心,籽粒将在 F_n 产生的力矩作用下发生转动,接触点产生切向变形 δ,并产生切向作用力 F_τ,因此,碰撞后籽粒将沿斜上方反弹,同时伴随着旋转运动。当籽粒粒径比 $\gamma = 2$、法向碰撞速度 $v_n = 2.5$ m/s、碰撞角 $\theta = 60°$ 时,籽粒碰撞运动过程如图 4.8 所示。

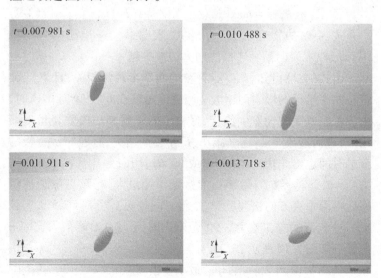

图 4.8　籽粒碰撞运动过程

图 4.9 给出了碰撞角度 θ 在 $0° \sim 90°$ 范围内时,碰撞过程中籽粒受到的法向力 F_{n}、切向力 F_{τ} 的变化过程。进一步分析可知,椭球体籽粒与敏感板的碰撞运动过程与碰撞角度 θ 相关。此外,籽粒的切向速度 v_{τ} 也会影响碰撞运动过程。

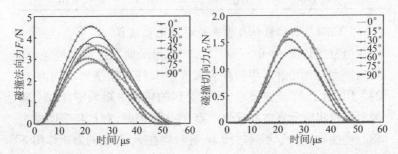

图 4.9 碰撞过程中籽粒受到的法向力 F_{n}、切向力 F_{τ} 的变化过程

为了描述碰撞角度 θ 和粒径比 γ 对最大碰撞法向力的影响,定义峰值力比率 η 为

$$\eta(\theta, \gamma) = \max[F_{\mathrm{n}}(\theta, \gamma)] / \max[F_{\mathrm{n}}(0, \gamma)] \qquad (4\text{-}9)$$

式(4-9)的物理意义:η 越大,表明最大碰撞法向力越稳定;η 越小,表明最大碰撞法向力的差异越大。

由式(4-3)可知,F_{nmax} 与籽粒的曲率半径正相关,且 F_{nmax} 随籽粒曲率半径的增大而增大。当碰撞角度在 $0° \sim 90°$ 范围内时,由于籽粒碰撞时会发生旋转,籽粒法向速度和法向叠合量逐渐缩短,进而造成 F_{nmax} 逐渐减小、$F_{\tau\mathrm{max}}$ 逐渐增大,籽粒与敏感板的接触时间也会缩短。当 $\theta = 0°$ 或 $90°$ 时,切向叠合量 $\delta_{\tau} = 0$,切向力 $F_{\tau} = 0$,此时籽粒与敏感板的接触半径最大,籽粒与敏感板碰撞后将沿垂直方向快速反弹,接触时间较短。当 $v_{\mathrm{n}} = 2.5 \mathrm{\ m/s}$ 且 γ 在 $1 \sim 3$ 范围内、θ 在 $0° \sim 90°$ 范围内时,γ 与 θ 对峰值力比率 η 的影响如图 4.10 所示。

从图 4.10 可以看出,η 的最小值出现在 $\theta = 20° \sim 30°$ 的范围内。随着粒径比 γ 的增大,F_{nmax} 的差异显著,η 的变化也较大,当 $\gamma = 3$ 时,η 的最小值约为 30%。

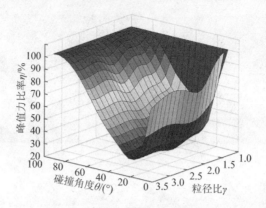

图 4.10　粒径比 γ 及碰撞角度 θ 对峰值力比率 η 的影响

从图 4.11 所示的 t_r 随粒径比及碰撞角度变化的曲线可以看出,对心碰撞过程中,籽粒的粒径比 r 与 t_r 呈现出正相关关系。具体表现为:随着籽粒粒径比 r 的增大,t_r 增加。在偏心碰撞过程中,由于籽粒绕质点发生转动,t_r 减小。t_r 总体分布在 $14 \sim 35 \; \mu s$,最小值也出现在 $\theta = 20° \sim 30°$ 的范围内。

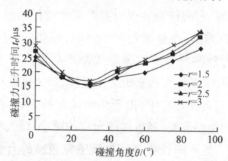

图 4.11　粒径比 γ 及碰撞角度 θ 对碰撞力上升时间 t_r 的影响

4.3.2.3　短茎秆与敏感板碰撞力学特性研究

短茎秆的物理力学特性与籽粒存在显著差异,为了解短茎秆与敏感板的碰撞力学特性,在 $v_n = 2.5 \; m/s$ 且 $\theta = 0° \sim 90°$ 的条件下,模拟仿真长度 $l = 10 \sim 90 \; mm$ 的短茎秆与敏感板的碰撞行为。长度 $l = 45 \; mm$ 的短茎秆以 $v_n = 2.5 \; m/s$ 及 $v_\tau = 2.0 \; m/s$ 的速度,呈 45° 角与敏感板的碰撞过程如图 4.12 所示。

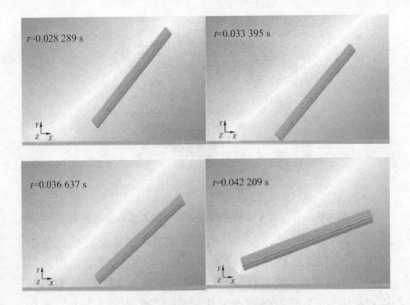

图 4.12　短茎秆与敏感板的碰撞过程

　　不同长度茎秆碰撞敏感板的力学变化过程如图 4.13 所示。从图 4.13 可以看出,在碰撞角度一定时,短茎秆与敏感板碰撞的最大法向力随茎秆长度的增加先减小后增大。当碰撞角度 $\theta=0°$ 或 $90°$ 时,短茎秆与敏感板为正碰撞,最大碰撞法向力 F_{nmax} 相对较大;在斜碰撞过程中,由于切向速度的影响,在短茎秆与敏感板碰撞的接触点处,随着碰撞角度的减小,最大碰撞法向力 F_{nmax} 不断减小,且不同长度茎秆与敏感板碰撞的力学变化过程存在显著差异。

　　从图 4.13 可以看出,在茎秆长度固定时,随着碰撞角度的增大,最大碰撞法向力 F_{nmax} 不断增大;在碰撞角度一定、茎秆长度在 0~75 mm 范围内时,随着茎秆长度的增加,最大碰撞法向力 F_{nmax} 逐渐减小;当茎秆长度在 75~90 mm 范围内时,随着茎秆长度的增加,最大碰撞法向力 F_{nmax} 显著增大。最大碰撞法向力 F_{nmax} 整体分布在 0.1~1.2 N 范围内。

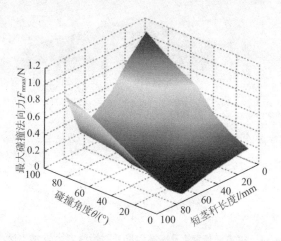

图 4.13　不同长度茎秆碰撞敏感板的力学变化过程

为了描述碰撞角度 θ 和茎秆长度 l 对最大碰撞法向力 F_{nmax} 的影响,定义峰值力比率 η_2 为

$$\eta_2(\theta,l) = \max[F_n(\theta,l)]/\max[F_n(0,l)] \times 100\% \quad (4\text{-}10)$$

式(4-10)的物理意义: η_2 越大,表明最大碰撞法向力越稳定; η_2 越小,表明最大碰撞法向力的差异越大。

当 $v_n = 2.5$ m/s, $l = 10 \sim 90$ mm, $\theta = 0° \sim 90°$ 时, l 与 θ 对峰值力比率 η_2 的影响如图 4.14 所示。从图 4.14 可以看出,随着茎秆长度的增加,峰值力比率 η_2 迅速下降到 30%左右,当 $60° < \theta < 75°$ 时,峰值力比率 η_2 达到最小值。短茎秆长度 l 及碰撞角度 θ 对碰撞力上升时间 t_r 的影响如图 4.15 所示,从图中可以看出,在同一碰撞角度 θ,碰撞力上升时间 t_r 随短茎秆长度 l 的增加而增加。当短茎秆长度 l 一定,碰撞角度 θ 在 $0° \sim 45°$ 范围内时,碰撞力上升时间 t_r 随碰撞角度 θ 的增大而增加;碰撞角度 θ 在 $45° \sim 90°$ 范围内时,碰撞力上升时间 t_r 随碰撞角度 θ 的增大而减少。碰撞角度 θ 在 $45° \sim 90°$ 范围内时,碰撞力上升时间 t_r 总体分布在 $63 \sim 182$ μs。

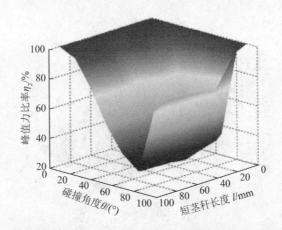

图 4.14 短茎秆长度 l 及碰撞角度 θ 对峰值力比率 η_2 的影响

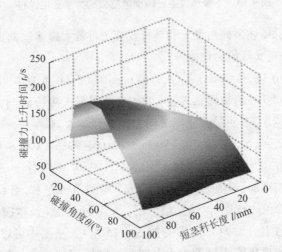

图 4.15 短茎秆长度 l 及碰撞角度 θ 对碰撞力上升时间 t_r 的影响

4.3.2.4 水稻脱出物碰撞敏感板数值模拟结果试验验证

籽粒和茎秆碰撞敏感板信号采集试验装置如图 4.16 所示。试验过程中使千粒质量为 30.2 g 的单颗水稻籽粒从距离敏感板 350 mm 处(点 A)自由落下,碰撞籽粒清选损失监测传感器敏感板,此时法向碰撞速度约为 2.5 m/s,采用 Agilent Technologies

DS01022A 型存储数字示波器记录经电荷放大、滤波处理后的信号,采样频率为 100 kHz。茎秆含水率为 67.8%,籽粒含水率为 24.58%。籽粒、不同长度茎秆碰撞敏感板的输出信号如图 4.17 所示。

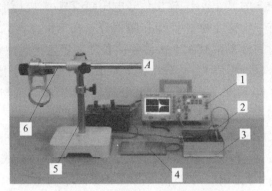

1—示波器; 2—探针; 3—信号处理电路;
4—敏感板; 5—支撑杆; 6—高度调节杆

图 4.16　水稻脱出物碰撞信号采集装置

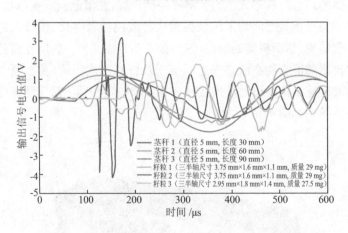

图 4.17　籽粒、不同长度茎秆碰撞敏感板的输出信号特征

从图 4.17 可以看出,饱满籽粒 1、2(三半轴尺寸 3.75 mm×1.6 mm×1.1 mm,质量 29 mg)碰撞敏感板时,输出信号电压最大(幅)值 $V_{out\ max}$ =4.0 V,电压信号上升时间 t_r =14 μs;输出信号电

压最小值 $V_{out\ min}$ = 2.5 V，电压信号上升时间 t_r = 30 μs。选用另一尺寸的饱满籽粒 3（三半轴尺寸 2.95 mm×1.8 mm×1.4 mm，质量 27.5 mg）进行单籽粒碰撞试验，从图 4.17 中可以看出，由于饱满籽粒 3 的尺寸较小，输出信号电压幅值减小，电压信号上升时间也有一定程度的缩短，电压幅值分布在 1.8~3.5 V，电压信号上升时间分布在 15~25 μs。不同长度的短茎秆碰撞敏感板，输出信号电压幅值 $V_{out\ max}$ 分布在 1.0~1.5 V，电压信号上升时间 t_r 分布在 80~130 μs。通过以上分析可知，试验结果与数值模拟结果相一致，证实了数值模拟结果的正确性。

以 YT-5L 型压电陶瓷为敏感元件，选择不锈钢 304 薄板作为敏感板，根据压电效应原理制成全宽型籽粒清选损失监测传感器。由于我国南方水稻收获机喂入量不大、机型较小，采用厚度在 1.5 mm 左右、宽度为 120~150 mm、长度为 500~950 mm 的不锈钢 304 作为敏感板，四点固定支撑是籽粒清选损失监测传感器的理想结构形式。为了消除振动干扰，在敏感板与支撑板、机架与支撑板之间均采用双头螺柱橡胶减振器连接，构成双向隔振结构，切断机架的横向、纵向振动的传递路径。为防止清选室排出的混合物在敏感板表面堆积及籽粒二次弹跳，传感器与机架的连接角度可通过连接件在 0°~60° 范围内调节，设计的传感器结构如图 4.18 所示。

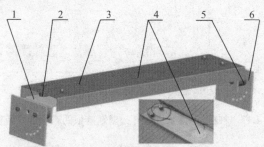

1—支撑板；2—橡胶减振器 1；3—敏感板；
4—压电陶瓷；5—橡胶减振器 2；6—机架连接件

图 4.18　籽粒清选损失监测传感器结构

　　鉴于籽粒碰撞信号非常微弱,选用 AD620an 型放大器作为放大电路的主芯片,对微弱碰撞信号进行放大。通过以上数值模拟可知,籽粒碰撞信号频率大于 5 kHz,而颖壳和短茎秆碰撞信号频率小于 3 kHz,因此,选择设计截止频率为 5 kHz 的 Chebyshev 二阶高通滤波器以快速识别出损失籽粒。通过观察发现,在籽粒清选损失监测传感器安装位置处,损失籽粒常以不同的法向速度、旋转角度及接触角碰撞敏感板。为了能够准确地检测碰撞电压信号的峰值,设计了一套由半波精密整流电路和加法器电路组成的绝对值放大电路。另外,籽粒碰撞传感器敏感板产生的衰减振荡信号不规则,设计了精密全波整流电路对滤波电路输出的信号进行包络检波,以获取籽粒碰撞信号的包络曲线,减小后续计数误差。最后,将包络检波后信号输入电压比较器进行脉冲整形,由电压比较器输出电压得到标准的方波信号。通过设定比较器的阈值电压可调节传感器的灵敏度,以抑制检波脉冲的局部干扰。设计的信号处理电路如图 4.19 所示。

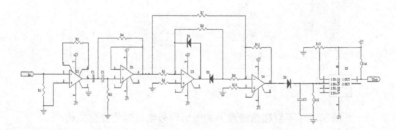

图 4.19　信号处理电路

　　集成以上各电路模块,用 Protel 软件设计了 PCB 线路板,安插各电子元器件后,通过其上的拨码开关和旋钮电位器可以选择滤波参数和阈值电压,以提高传感器在不同工况下的适应性。设计的籽粒清选损失监测装置组成如图 4.20 所示。

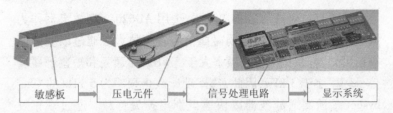

敏感板 → 压电元件 → 信号处理电路 → 显示系统

图 4.20　籽粒清选损失监测装置组成

　　为检验传感器从复杂清选背景中识别饱满籽粒的能力,分别选取饱满籽粒、不饱满籽粒(瘪谷)、长茎秆(长度 30 mm)、短茎秆(长度 10 mm),以 1.0~2.5 m/s 的速度对安装角度为 45°的传感器进行碰撞试验,不同试验样品在不同碰撞速度下的输出信号电压幅值变化曲线如图 4.21 所示。

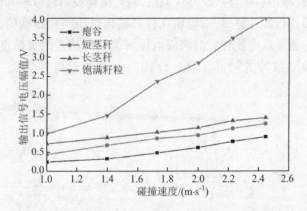

图 4.21　不同碰撞速度下的输出信号电压幅值变化曲线

　　从图 4.21 可以看出,随着物料下落速度的增大,物料碰撞敏感板产生的应力变大,进而使输出信号电压增大。当碰撞速度在 1.7~2.5 m/s 范围内时,对于饱满籽粒,输出信号电压幅值为 2~4 V,且输出信号电压幅值随碰撞速度的增大而不断增大。因此,设置合适的阈值电压及滤波器截止频率可基本消除长茎秆、短茎秆及不饱满籽粒对传感器监测精度的影响,从而有效地识别出饱满籽粒碰撞信号。

从图 4.22 所示的单籽粒碰撞信号特征可以看出,籽粒碰撞信号衰减时间在 30 ms 以上,即此时籽粒清选损失监测传感器的理论检测频率在 30 粒/s 以下。而我国生产的履带式全喂入水稻联合收获机的喂入量一般为 5~6 kg/s,按照田间收获时草谷比为 2.5∶1 计算,喂入联合收获机的籽粒量在 1.5 kg/s 左右;参照行业标准中水稻籽粒清选损失率应≤1% 的规定,联合收获机在收获水稻时的籽粒清选损失最大允许量为 15 g/s,按照水稻籽粒的千粒质量 30 g 计算,则籽粒清选损失量为 500 粒/s。通过研究清选损失籽粒在清选筛尾的分布规律发现,籽粒清选损失监测传感器安装位置处损失的籽粒量约占清选损失总量的 14%~18%,则籽粒清选损失监测传感器安装位置处籽粒下落频率为 70~90 粒/s,即理论上要求传感器对每个损失籽粒的分辨时间≤15 ms。

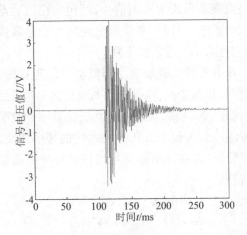

图 4.22　YT-5L 压电陶瓷型籽粒清选损失监测传感器的籽粒碰撞信号

4.4　籽粒清选损失监测传感器分辨能力与系统阻尼比的关系

由于籽粒碰撞敏感板产生的是一种能量信号,而系统对能量信号的衰减会持续一定时间,如果信号衰减时间过长,当多个水稻籽粒以较短的时间间隔碰撞敏感板时,产生的能量信号会相互重叠,进而影响籽粒清选损失监测系统的监测精度。研究表明,敏感板的振动特性是影响传感器分辨能力及灵敏度的主要因素,本节从分析敏感板的振动特性与检测性能之间的关系着手,探索提高籽粒清选损失监测传感器分辨率的新途径。

4.4.1 系统阻尼比对碰撞信号衰减时间影响的动力学基础

籽粒碰撞敏感板后产生的瞬态能量信号在其对称面内做快速衰减振动,敏感板材料的阻尼损耗因子仅为 0.000 4 ~ 0.002,籽粒清选损失监测传感器的敏感板组成的二阶系统的阻尼比非常小。从式(4-2)可以看出,当系统阻尼比较小时,碰撞信号为谐波信号,振动系统变成强谐振系统,此时振动系统会把输入转换成近似谐波振荡形式的输出信号,经包络检波后造成碰撞信号的衰减时间过长。另外,系统阻尼比较小会导致传感器的线性范围、稳定性有不同程度的下降。

为进一步分析籽粒碰撞响应与振动系统阻尼的关系,对式(4-1)进行拉普拉斯变换,求得振动系统位移 x 对激励力 $f(t)$ 的传递函数 $G(s)$,令 $s=j\omega$,得到振动系统位移 x 对激励力 $f(t)$ 的频率特性 $G(j\omega)$。为便于分析振动系统的频率特性,将 $G(j\omega)$ 实部与虚部分开,并在极坐标下导出籽粒碰撞振动系统的振动幅频特性解析式:

$$G(j\omega) = R(\omega)e^{j\theta(\omega)} \tag{4-11}$$

式中,
$$R(\omega) = \left[U_0^2(\omega) + V_0^2(\omega) \right]^{1/2}$$

$$U_0(\omega) = \frac{A_1(\omega)C_1(\omega) + B_1(\omega)D_1(\omega)}{C_1^2(\omega) + D_1^2(\omega)}$$

$$V_0(\omega) = \frac{B_1(\omega)C_1(\omega) + A_1(\omega)D_1(\omega)}{C_1^2(\omega) + D_1^2(\omega)}$$

$$R(\omega) = \frac{1}{\left[(k - m\omega^2)^2 + c^2\omega^2 \right]^{1/2}} \tag{4-12}$$

进一步整理得到振动系统的动力放大系数为

$$A(g) = \frac{1}{[(1-g^2)^2 + 4\zeta^2 g^2]^{1/2}} \qquad (4\text{-}13)$$

式中，$g = \dfrac{\omega}{\omega_n}$，$\omega$ 为外部激励力的频率，ω_n 为系统的固定频率。

从式(4-13)可以看出，当敏感板振动系统的阻尼比很小且外部激励力的频率接近敏感板振动系统的固有频率时，动力放大系数 $A(g)$ 将会很大，振动系统容易把干扰信号放大。一方面，系统衰减振动的能力有限，会导致碰撞信号的衰减时间过长；另一方面，当放大后的干扰信号的电压幅值超过电压比较器的阈值电压时，籽粒清选损失监测传感器会产生误判。因此，合适的阻尼比是籽粒清选损失监测系统能检测到良好振动衰减波形的基础。

常用的阻尼处理方法主要有系统阻尼、附加阻尼、结构阻尼、材料阻尼、扩散阻尼和相对运动阻尼。系统阻尼是在系统中设置专用的阻尼减振器，如减振弹簧、碰撞阻尼器等。附加阻尼是在振动系统上附加一层具有高内阻的黏弹性材料，振动时使阻尼材料产生很大的变形，消耗振动的能量而不损坏阻尼材料，增加系统自身的阻尼能力。材料阻尼主要是利用材料本身内部分子相互摩擦而消耗振动能量的特性，来加速信号衰减。扩散阻尼的原理是利用振动体向周围介质辐射弹性波，从而带走振动的能量。相对运动阻尼是通过减小相对运动件的间隙、施加预载荷、提高接触面的粗糙度来消耗振动的能量。本书采用附加阻尼结构来迅速衰减籽粒碰撞信号，以提高籽粒清选损失监测传感器的分辨率。常用的附加阻尼结构主要有自由阻尼层结构和约束阻尼层结构两种。本书选择约束阻尼层结构来提高籽粒清选损失监测传感器的分辨率，减小检测误差。

从籽粒或短茎秆与敏感板开始接触直到分离为止，籽粒或短茎秆与敏感板的接触区内总是存在作用力并且两者一起运动，碰撞载荷即接触区域的内力，内力由压力变成张力的时刻即籽粒或短茎秆与敏感板开始分离或者改变接触状况的时刻。因此把它们的碰撞过程看作一个振动系统才更合理。此时，可把籽粒或短茎秆与敏感板的弹性碰撞转化为在一定的初始速度扰动下，敏感板的振动瞬态响应问题。本书从振动力学的角度，分析约束阻尼能量耗散机理，为籽粒清选损失监测传感器监测性能的提高寻找新途径。

采用附加阻尼层结构后，振动系统相应的动力学简化模型如图4.23所示。

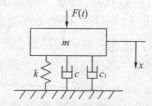

图4.23   附加阻尼后的籽粒碰撞过程动力学简化模型

图4.23中，c 为原振动系统的阻尼，c_1 为附加阻尼，则附加阻尼后振动系统的阻尼比为

$$\zeta' = (1+\nu)\zeta \tag{4-14}$$

其中，$\nu = \dfrac{c_1}{c}$，当 $c_1 \gg c$ 时，则 $\zeta' \gg \zeta$，从式（4-14）可以看出，此时动力放大系数 $A(g)$ 将显著减小，从而使籽粒碰撞敏感板产生的谐波振动快速衰减。但是，振动系统的动力放大系数 $A(g)$ 减小，籽粒碰撞信号电压幅值也会在一定程度上有所降低，会造成籽粒清选损失监测系统的漏计。

4.4.2   附加约束阻尼层在敏感板上的最佳敷设位置

约束阻尼层在敏感板上的布置形式对结构振动衰减的效果有较大影响，具体表现为：在结构变形量小的区域即使应用了约束阻尼层，振动衰减效果也很有限；而如果在结构变形量大的区域进行局部阻尼减振，则有可能在增加较小重量的前提下，取得较好的振动衰减效果，因此约束阻尼层应当覆盖敏感板变形量较大的振型节点位置。为了寻找敏感板变形量最大的振型节点位置,运用 ANSYS 软件对敏感板进行模态分析以研究敏感板的振动特性,结合单籽粒碰撞试验,研究约束阻尼位置对籽粒清选损失监测传感器检测性能的影响。ANSYS 软件数值计算过程中,敏感板材料 304 不锈钢的基本力学特性为:泊松比 $\mu = 0.3$,弹性模量 $E = 210$ GPa,密度 $\rho = 7\,850$ kg/m^3。敏感板宽度 $a = 120$ mm,长度 $b = 950$ mm,厚度 $h = 1.0$ mm。在模态分析过程中,选用 Shell 63 板壳单元作为单元类型,经过定义单元实常数及材料属性、建立几何模型、划分有限元网格、设置模态分析方法、施加约束条件等步骤得到敏感板模态分析结果。敏感板前 6 阶模态频率及相应的振型等值线云图如图 4.24 所示,图中的位移是相对值。

从图 4.24 可以看出,在不同的模态频率下,结构振动的最大响应部位是不同的。从如图 4.24(a) 所示的第 1 阶模态振型图可以看出,在靠近固定点处,敏感板的模态变形量很小,而在敏感板中部,模态变形量很大。由压电效应方程可知,如果将压电元件安装在敏感板的中部,传感器能获得较好的振动响应;而在敏感元件附近位置及第 2 ~ 6 阶振型比较大的区域粘贴约束阻尼层会显著缩短籽粒碰撞信号的衰减时间。

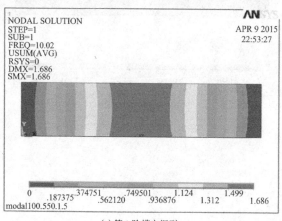

(a) 第 1 阶模态振型

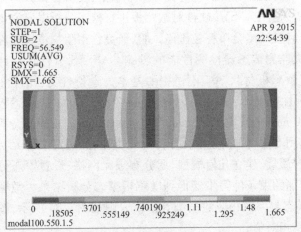

(b) 第 2 阶模态振型

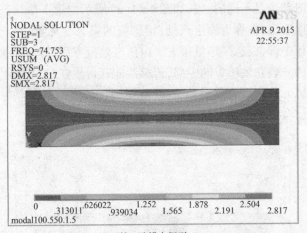

(c) 第 3 阶模态振型

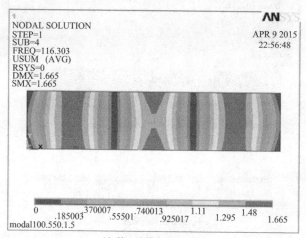

(d) 第 4 阶模态振型

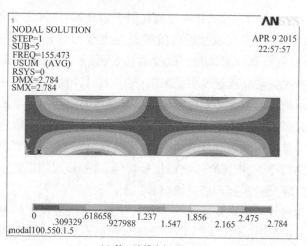

(e) 第 5 阶模态振型

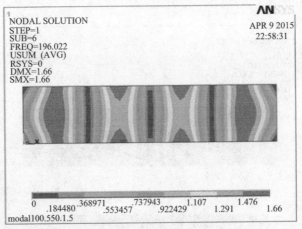

(f) 第6阶模态振型

图 4.24　敏感板的前 6 阶模态振型等值线云图

为验证以上结论,将阻尼损耗因子为 0.20、厚度为 1.00 mm 的丁基橡胶敷设在敏感板各阶模态振型变形量较大的位置附近,并进行籽粒碰撞试验。试验结果表明,一方面,约束阻尼结构使谐波振动衰减速度明显加快;另一方面,约束阻尼层的敷设位置及处理面积大小对籽粒碰撞信号衰减时间与信号电压幅值有较大影响。约束阻尼层敷设位置不当时,籽粒碰撞敏感板产生的信号电压幅值会降低。因此,需要在 ANSYS 软件数值计算结果的指导下,根据籽粒碰撞信号特征,进一步对约束阻尼层的敷设位置及处理面积进行调整。

为确定约束阻尼层的最佳敷设位置,获取最理想的籽粒碰撞信号波形,根据图 4.24 所示敏感板的前 6 阶模态振型等值线云图,以约束阻尼层敷设面积最小为原则,在各阶模态振型变形量较大的位置同时敷设约束阻尼层,并进行籽粒碰撞试验。约束阻尼层敷设位置的组合方式及对应的籽粒碰撞信号波形如图 4.25 所示。

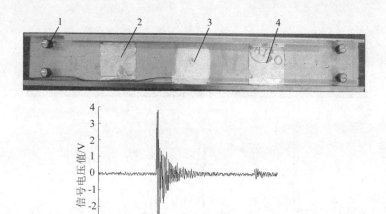

1—橡胶隔振器；2—阻尼材料；3—压电元件；4—阻尼材料

（a）约束阻尼层敷设在 2、3 阶模态振型变形量较大位置处

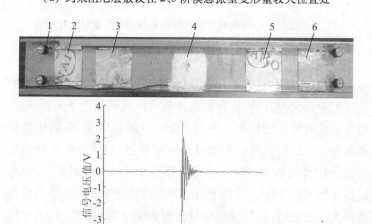

1—橡胶隔振器；2—阻尼材料；3—阻尼材料；
4—压电元件；5—阻尼材料；6—阻尼材料

（b）约束阻尼层敷设在 2、3、4 阶模态振型变形量较大位置处

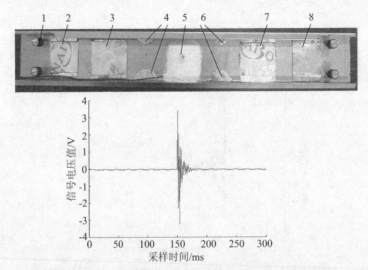

1—橡胶隔振器；2—阻尼材料；3—阻尼材料；4—阻尼材料；
5—压电元件；6—阻尼材料；7—阻尼材料；8—阻尼材料
（c）约束阻尼层同时敷设在前6阶模态振型变形量较大位置处

图 4.25　约束阻尼层的敷设位置及籽粒碰撞信号波形图

从图 4.25（a）可以看出，当约束阻尼层敷设在 2、3 阶模态振型变形量较大位置处时，籽粒碰撞信号电压幅值在 4.0 V 左右，信号衰减时间依然较长。在图 4.25（a）的基础上，在第 4 阶模态振型变形量较大的位置敷设约束阻尼层，对应的籽粒碰撞信号波形如图 4.25（b）所示，此时信号衰减时间有所缩短，但信号电压幅值有所下降。当阻尼层同时敷设在前 6 阶模态振型变形量较大位置处时，籽粒碰撞信号波形如图 4.25（c）所示，由于压电陶瓷周围的阻尼层削弱了压电陶瓷的振动，压电陶瓷的变形量减小，信号电压幅值有所下降，信号衰减时间显著缩短，是约束阻尼层最优敷设位置。此时，碰撞信号电压衰减至 1.5 V 所用时间≤3 ms，与图 4.22 所示的籽粒碰撞信号电压相比，在不降低籽粒碰撞信号电压幅值的前提下，碰撞信号衰减时间大幅缩短，传感器理论分辨能力显著提高。

研究表明,丁基橡胶阻尼材料的性能主要受温度和频率的影响,典型黏弹性材料的损耗因子 η 随温度变化的曲线如图 4.26 所示。从图 4.26 可以看出,黏弹性材料的损耗因子随温度的变化存在明显不同的三个区域:玻璃态区、玻璃态转变区和高弹态区。当黏弹性材料的温度处于玻璃态区和高弹态区时,材料的损耗因子都较低。而当黏弹性材料的温度处于玻璃态转变区时,损耗因子随温度的升高先急剧增大而后减小。黏弹性材料的损耗因子达到峰值的温度称为玻璃态转变温度,记为 T_g。黏弹性材料一般为高聚物,在玻璃态转变温度附近具有很大的阻尼。因此,可以利用黏弹性材料在玻璃态转变区的高阻尼特性来提高其阻尼能力。

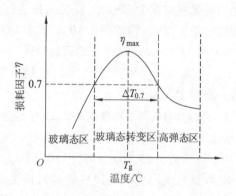

图 4.26　典型黏弹性材料的损耗因子 η 随温度变化的曲线

拟选用的丁基橡胶的玻璃态转变温度 T_g 为 -9.37 ℃,最大损耗因子 η_{max} 为 1.397,在 $-27.3 \sim 19.9$ ℃范围内,转变区温度宽度 $\Delta T_{0.7}$ 为 47.24 ℃。江苏省水稻收获期一般从十一月开始,水稻收获期环境温度在 $17 \sim 20$ ℃范围,由以上分析可知,水稻收获期内丁基橡胶具有较高的阻尼损耗因子($\eta \geq 0.7$),可发挥较好的阻尼作用,从而快速衰减籽粒碰撞能量信号。

4.5 籽粒清选损失监测传感器性能检测(田间试验)

4.5.1 籽粒清选损失监测数学模型

为准确、实时监测联合收获机在作业过程中的籽粒清选损失量,需研究清选损失籽粒在清选筛尾部的分布规律,为建立籽粒清选损失量与清选筛尾部不同区域内籽粒分布量间的数学模型提供依据。在研制的风筛式切纵流脱粒分离清选试验台上进行台架试验。其中,切流滚筒直径为 544 mm,滚筒长度为 960 mm,切流脱粒间隙为 15 mm,脱粒元件为钉齿,凹板筛为栅格式,凹板包角为 100°;纵轴流滚筒直径为 626 mm,纵轴流滚筒长度为1 790 mm,纵轴流脱粒间隙为 20 mm,脱粒元件为钉齿,凹板筛为栅格式,凹板包角为 200°;输送带长 10 m、宽 1.2 m;试验时设定切流滚筒转速为 780 r/min,纵轴流滚筒转速为 740 r/min,输送带速度为 1 m/s,鱼鳞筛振幅为 16.5 mm,鱼鳞筛振动频率为6 Hz,鱼鳞筛开度为 25 mm。

以镇稻 10 为试验物料,其平均株高 950 cm,平均穗长 15.3 cm,籽粒平均含水率为 29.3%,茎秆平均含水率为 60.4%,平均草谷比为 2.3,平均千粒质量为 25.71 g,产量为 10 755 kg/hm²。相关试验结果表明,在试验范围内离心风机转速对损失率有极显著的影响,在风机转速为 1 200,1 300,1 400 r/min 时进行脱粒分离清选试验,用如图 4.27 所示的接料盒收集清选室排出物,重点研究清选损失籽粒的分布规律,以建立籽粒清选损失监测数学模型。

依次获取不同工况下各接料盒内清选损失籽粒的分布后,首先建立损失籽粒沿 X 轴的分布数学模型,并根据排出混合物的分布规律及其碰撞传感器信号特征,确定传感器在 X 轴的安装位置;然后在传感器 X 轴安装位置范围内,建立籽粒沿 Y 轴的分布数学模型;综合在 X,Y 轴上建立的数学模型,计算出传感器监测区域内籽粒分布比例,从而建立传感器监测值与实际清选损失量之间的数学模型。

 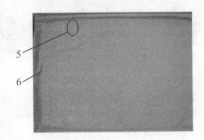

1—分离装置；2—凹板；3—振动筛；4—接料盒；5—籽粒；6—试验布

图 4.27　接料盒布置形式及收集的清选室抛出混合物

不同风机转速下清选损失籽粒质量比沿 X 轴正向分布的概率模型 $s_{\mathrm{f}}(x)$ 为

$$s_{\mathrm{f}}(x) = A\left[1 - \mathrm{e}^{-k(x-x_{\mathrm{c}})}\right] \qquad (4\text{-}15)$$

式中，A, x_{c}, k 均为待定常数。利用试验数据，通过 Origin 软件进行非线性拟合得到 $A = 0.994\,11$，$x_{\mathrm{c}} = 0.063\,65$，$k = 4.927\,28$，$R^2 = 0.999\,71$。

建立清选损失籽粒质量比沿 Y 轴分布的概率模型 $s_{\mathrm{r}}(y)$：

$$s_{\mathrm{r}}(y) = A\mathrm{e}^{-y/t_1} + y_0 \qquad (4\text{-}16)$$

式中，A, t_1, y_0 均为待定常数。通过 Origin 软件进行非线性拟合得到 $A = 8.062\,37$，$t_1 = -8.868\,9$，$y_0 = -7.954\,27$，$R^2 = 0.993$。

根据式(4-15)、式(4-16)得到监测区域籽粒质量与总籽粒损失质量比例系数 r 为

$$r = s_{\mathrm{f}}(x)\Big|_{x_2}^{x_1} s_{\mathrm{r}}(y)\Big|_0^b \qquad (4\text{-}17)$$

式中，x_1, x_2 为监测区域内 X 轴方向的起始和结束位置，m；b 为监测区域宽度，m。清选损失籽粒质量比沿 X 轴和 Y 轴累积分布拟合结果如图 4.28 所示。

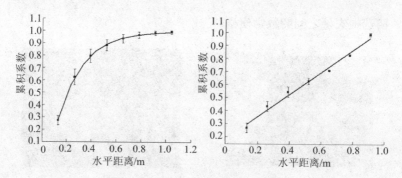

图 4.28 清选损失籽粒质量比沿 X 轴和 Y 轴累积分布拟合结果

为验证所建模型的准确度,在 X 轴第 3~4 接料盒位置范围内 ($x_1 = 0.26, x_2 = 0.52$),将用式(4-17)计算得出的理论值与实际值进行比较,得到两者相对误差,如表 4.3 所示。

表 4.3 监测区域内理论值与实际值的相对误差   %

b/m	风机转速/($\text{r} \cdot \text{min}^{-1}$)		
	1 200	1 300	1 400
0.65	2.08	2.90	1.88
0.52	2.83	2.47	1.60
0.39	3.5	2.57	2.49
0.26	2.42	2.74	1.79

由表 4.3 可以看出,在传感器合适安装区间内的不同位置,根据模型所计算得出的理论值与实际值的相对误差较小,证明了所建立模型具有较高的准确度。结合式(4-17),籽粒清选损失总量的计算公式为

$$V_s = \frac{V_0}{s_f(x)\Big|_{x_0-a/2}^{x_0+a/2} s_r(y)\Big|_0^b} \tag{4-18}$$

式中,V_0 为传感器监测值;V_s 为籽粒清选损失总量;x_0 为传感器中心线到尾筛的水平距离;a, b 分别为监测区域的宽度和长度。当已知 x_0, a 和 b 时,从式(4-18)可以看出,利用监测区域

籽粒质量,可以实时计算出籽粒清选损失总量。

4.5.2　传感器性能检测田间试验与试验结果分析

以无锡联合收割机有限公司生产的 4LZ-3.5 型纵轴流联合收获机为试验样机,进行 2 种水稻品种的田间收获试验,以检验所研制籽粒清选损失监测传感器的监测精度。该联合收获机的脱粒分离、清选部件结构参数与上文所述的切纵流脱粒分离清选试验台一致。割幅宽度为 2.0 m,尾筛宽度为 0.9 m,为使籽粒清选损失监测传感器的安装位置避开排草口,确定传感器敏感板尺寸为 550 mm×125 mm(长×宽),传感器长度方向中心线与尾筛的最远水平距离为 250 mm,安装角度为 45°,传感器在联合收获机上的安装方式如图 4.29 所示。2 种试验水稻的基本特性如表 4.4 所示。

图 4.29　籽粒清选损失监测传感器安装位置及田间试验

表 4.4　田间试验水稻的基本特性

测量项目	南粳 46	龙粳 29
籽粒含水率/%	27.6	24.5
茎秆含水率/%	60.4	71.1
草谷比	2.7	2.3
千粒质量/g	25.71	31
产量/(kg·hm^{-2})	7 800	8 922

试验前,调节信号调制电路的阈值电压至 1.0 V,联合收获机各工作部件以正常的工作状态在田间空地上行进 10 m,往复

3次,观察到显示仪表液晶屏的显示值基本上在2~3粒,表明机组振动、地面颠簸等干扰对籽粒清选损失监测传感器的影响较小。田间振动背景下籽粒清选损失监测传感器的检测信号特征如图4.30所示。

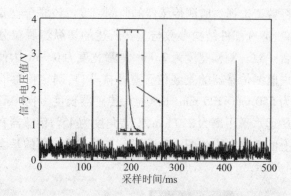

图4.30 振动背景下籽粒检测信号特征

根据式(4-17)计算得出 $r = 0.121\ 1$。试验时把 r 值输入显示仪表中,在不同前进速度下进行试验并用油布兜住 25 m 试验距离内的清选室排出物,人工筛选出籽粒量并与传感器监测值比较。籽粒清选损失田间试验检测结果如表 4.5 所示。

表4.5 籽粒清选损失田间试验检测结果

| 试验水稻 | 前进速度/ (m·s⁻¹) | 籽粒清选损失 | | | | 相对误差/ % |
| | | 传感器监测值 | | 人工检测值 | | |
		籽粒量/ 个	损失率/ %	损失量/ g	损失率/ %	
南粳 46	0.60	611	1.002 0	149.7	0.959	4.48
	0.75	671	1.100 8	168.1	1.076 5	2.26
	1.00	778	1.276 4	205.3	1.314 7	2.91
龙粳 29	0.60	320	0.441 2	80.6	0.451 2	2.22
	0.80	589	0.812 1	140.2	0.784 9	3.47
	1.00	658	0.908 1	168.7	0.945 3	3.93

由表 4.5 所示的试验结果可以看出,不同工况下监测到的籽粒清选损失量并不稳定。籽粒含水率较大时,传感器监测误差有所增加。研究表明,随着含水率从 12% 增大到 20%,籽粒弹性模量由 395.37 MPa 减小到 209.23 MPa。随着含水率的增大,籽粒谷与敏感板间的摩擦系数基本上呈线性增加,当籽粒含水率由 11.91% 增加大 31.58% 时,籽粒与敏感板间的摩擦系数由 0.328 增大到 0.427。当籽粒的含水率由 11.91% 增大到 31.58% 时,千粒质量增加 16.04%。含水率对籽粒的三轴尺寸有比较明显的影响,当籽粒含水率由 11.91% 增大到 31.58% 时,籽粒长度增加 2.63%、宽度增加 1.49%、高度增加 2.54%。运用离散元法数值研究籽粒含水率对籽粒碰撞敏感板过程中最大碰撞法向力的影响,结果如图 4.31 所示。

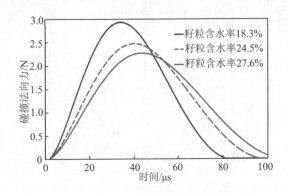

图 4.31　籽粒含水率对碰撞法向力的影响

从图 4.31 可以看出,随着籽粒含水率从 18.3% 增大到 27.6%,最大碰撞法向力 F_{nmax} 由 3.0 N 下降到 2.0 N。这是因为与含水率较低的籽粒相比,含水率较高的籽粒表现出较强的阻尼作用,籽粒与敏感板碰撞时,较潮湿的籽粒比干燥籽粒消耗更多的能量。另外,产生误差的原因还在于水稻籽粒碰撞敏感板的姿态是随机的,碰撞时产生的横向振动位移并不相同,导致碰撞信号电压幅值有差异,当碰撞信号电压幅值小于信号处理电路阈值电压时会造成漏计。

多籽粒碰撞敏感板的信号特征如图 4.32 所示。从图 4.32 可以看出,碰撞信号电压幅值分布在 2~4 V 范围内;观察籽粒碰撞敏感板的过程发现,少数籽粒的顶部碰撞敏感板时产生的信号电压幅值≤1 V,若阈值电压设置不当(如<1.5 V),损失籽粒会被漏计,从而造成较大的监测误差。田间工况复杂,地面的颠簸程度也会对籽粒清选损失监测系统的精度造成影响。不同工况下的最大相对误差为 4.48%,与文献[50]报道中使用标定系数来测算损失率的方法(最大相对误差为 19.35%)相比,使用研制的籽粒清选损失监测传感器及构建的籽粒清选损失监测模型后,籽粒清选损失监测误差显著减小。

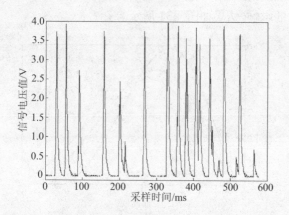

图 4.32　多籽粒碰撞敏感板的信号特征

经江苏省农业机械试验鉴定站检测,所研制的籽粒清选损失监测传感器的监测误差≤5%。运用相关技术研制的籽粒夹带损失监测传感器,在监测大喂入量联合收获机籽粒夹带损失时也获得了较好的效果,相关技术还可用于大豆、玉米和油菜损失籽粒的监测。

第 5 章 籽粒清选损失模糊控制系统与试验

传统清选装置的部分结构与运动参数只能通过手动方式、依照经验进行有级调节,无法根据作业对象和环境的变化来自动调整以保证作业性能,收获适应性较差。本章主要研究籽粒清选损失与相关工作参数(风机转速、分风板角度和鱼鳞筛开度)之间的关联性,确定影响清选损失的主要因素,研究籽粒清选损失自动控制方法,以显著减小籽粒清选损失。

5.1 整体研究思路

本章主要研究籽粒清选损失与相关工作参数(风机转速、分风板角度和鱼鳞筛开度)之间的关联性,确定影响清选损失的主要因素,研究籽粒清选损失控制模型,在保证粮箱籽粒含杂率的基础上,减小籽粒清选损失。整体研究思路介绍如下:

(1)研制清选装置作业状态监测与控制系统。性能完备的测控系统是实现清选装置自适应控制的前提,因此,需根据拟实现的功能要求设计相应的测控系统。

(2)在清选装置作业状态监测与控制系统的控制下,以主要工作参数为试验因素进行清选性能响应面试验,并研究清选损失籽粒在清选筛尾部的分布规律,根据籽粒清选损失监测传感器的性能和不同工作参数下籽粒的分布规律,研究籽粒清选损失监测传感器监测值与籽粒清选损失总量之间的关系,确定籽粒清选损失的表征方法。

(3)根据响应面试验结果,建立籽粒清选损失自动控制模型。通过台架试验获取清选装置作业参数原始数据,建立鱼鳞筛开度、分风板角度和风机转速等多参数智能控制策略,构建清选装置多参数智能控制系统。

(4)在多风道清选试验台上试验以验证控制模型的控制效果。

5.2 清选装置作业状态监测与控制系统

清选装置作业状态监测与控制系统需要实时监测清选装置作业过程中的风机转速、鱼鳞筛开度、风机进风口开度、分风板角度和籽粒清选损失等作业信息,操作人员可通过人机交互界面实时了解清选装置作业状态并可进行参数调节。此外,清选装置作业状态监测与控制系统对籽粒清选损失量等参数具有存储、回放功能。为实现对清选装置的自动控制,在自动控制模式运行时,系统可根据上位机软件内相关算法计算得出的控制量,调节清选装置各工作参数,以使清选装置作业性能达到最佳状态。另外,系统还需有急停功能,应急时可关断控制柜 380 V 电源。

5.2.1 系统硬件

如图 5.1 所示,清选装置作业状态监测与控制系统的硬件电路主要由电源电路,工作参数旋钮调节电路,位移传感器信号获取电路,三相异步电动机调速电路,籽粒清选损失、风机转速、籽粒搅龙转速、杂余搅龙转速、回程输送板转速、振动筛频率的采集电路等组成。研制的控制柜如图 5.2 所示。

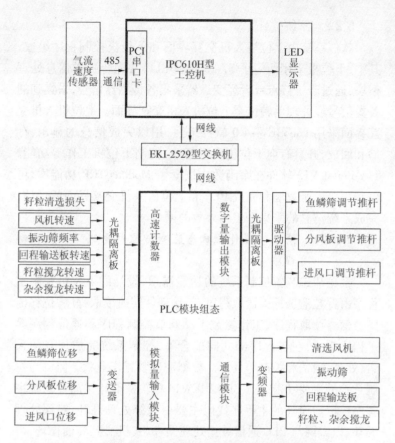

图 5.1　清选装置作业状态监测与控制系统硬件结构图

图 5.2　控制柜内部实物图

5.2.2 系统软件

软件系统由上位机人机交互界面和下位机控制程序组成，其中，下位机采用西门子 S7-1200 型 PLC 并配合各类信息处理模块，通过若干接点或者经变送器采集各传感器信号，采集到的各类信号经处理后转传至上位机人机交互界面。上位机人机交互界面采用 LabVIEW14.0 软件编写，用以完成信息的显示、存储和回放，并具有向下位机发送指令、控制下位机工作等功能。TIA Portal V13 软件在库函数中嵌套了 Modbus-TCP 功能库，可以利用该库函数顺利完成 PLC 和上位机人机交互界面的通信，完成系统信息的采集和工作参数的调节。

5.2.2.1 清选装置作业状态监测与控制系统下位机控制 程序

根据清选装置控制系统的功能需求，设计的下位机控制主程序由籽粒清选损失读取程序、工作部件转速读取程序、位移传感器信号读取程序、工作参数手动调节控制程序和通信程序等子程序组成，在各程序的共同配合下，控制系统完成信息的采集、处理、通信和控制等任务。根据清选装置作业状态监测与控制系统的主要功能，应用 LabVIEW14.0 软件设计了测控系统主程序代码。设计的主程序代码主要由系统处理循环、错误处理循环、以太网与 PLC 通信数据处理循环、人机交互界面循环、自动控制算法处理控制循环和串口数据采集循环等组成。其中，主程序的各循环间采用队列（Queues）方式传送数据，按照"先进先出"原则并充分利用队列的缓存作用保证各循环间数据传递的准确性。以太网与 S7-1200 PLC 通信数据处理循环在 PLC CPU 和 LabVIEW 软件建立好正常通信后，开始接收下位机传输的数据。为实现籽粒清选损失的控制，基于 Active X 技术，在 LabVIEW 软件中调用 Matlab 节点进行通信。LabVIEW 负责数据采集和通信，Matlab 的计算结果供 LabVIEW 调用。

5.2.2.2 清选装置作业状态监测与控制系统人机交互界面

通过如图 5.3 所示的清选装置工作参数显示、设定人机交互界面可以显示、设定清选装置工作参数,在工作参数设定栏内输入规定值可实现工作参数的电动无级调节。启用算法后,清选装置各工作参数可在控制算法对应输出量的控制下自动调节,实现清选装置各工作参数的自动调节。

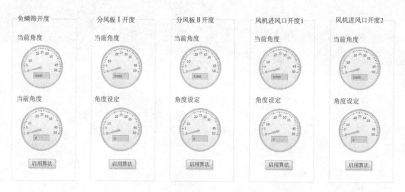

图 5.3　清选装置工作参数显示、设定人机交互界面

5.3　不同工作参数下清选性能试验与结果分析

5.3.1　清选性能响应面试验结果

为详细了解清选装置在不同工作参数下的作业性能,以筛选出的主要工作参数——风机转速、分风板 II 角度及鱼鳞筛开度为试验因素,每个试验因素选择 3 个水平,在 JMP12.0 软件中采用 I -最优算法,经 10 000 步迭代计算,得到清选性能响应面试验的不同参数组合,如表 5.1 所示。

表 5.1　清选性能响应面试验的参数设置

编号	风机转速/(r·min⁻¹)	鱼鳞筛开度/mm	分风板 II 角度/(°)
1	1 300	25	45
2	1 300	20	29
3	1 100	20	45
4	1 500	20	45

编号	风机转速/(r·min⁻¹)	鱼鳞筛开度/mm	分风板Ⅱ角度/(°)
5	1 500	30	45
6	1 300	25	13
7	1 100	20	13
8	1 500	20	13
9	1 300	30	29
10	1 100	30	45
11	1 500	30	13
12	1 500	25	29
13	1 300	25	29
14	1 100	25	29
15	1 100	30	13
16	1 300	25	29

以从多滚筒脱粒分离装置试验台上获取的脱出混合物为试验物料,进行不同工作参数下的清选性能试验。试验时清选装置喂入量为 2.5 kg/s,料箱装料量为 60 kg,按照表 5.1 所示的不同工作参数组合进行试验,同时为获取清选损失籽粒在清选筛尾部的分布规律,试验时在清选筛尾部放置接料盒,接取清选室的所有清选排出物。

以清选室排出物分布区域长度方向为 X 轴(设为纵向),尾筛宽度方向为 Y 轴(设为横向),设坐标原点 O。沿纵向 X 轴放置 7 组接料盒,即 $j=1,2,\cdots,7$;沿横向 Y 轴放置 7 组接料盒,即 $i=1,2,\cdots,7$;尾筛后部共计 $7\times7=49$ 个接料盒,接料盒尺寸为 130 mm×130 mm×130 mm。建立的坐标系如图 5.4(a)所示,尾筛后部接料盒的布置如图 5.4(b)所示。利用 ASC-3 型清选风机,清选出不同工作参数组合下各接料盒内的籽粒清选损失量,称重并记录,最终得到全部接料盒内的籽粒清选损失量。每组试验重复 3 次,取平均值。清选装置在不同工作参数组合下的清选性能如表 5.2 所示。

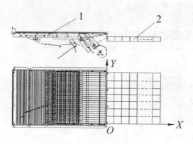

(a)接料盒布置示意图

(b)接料盒布置实物图

1—双层振动清选筛；2—接料盒

图 5.4 尾筛后部接料盒布置图

表 5.2 清选性能响应面试验结果

编号	风机转速/ (r·min⁻¹)	鱼鳞筛开度/mm	分风板Ⅱ角度/(°)	清选损失总量/g	清选损失率/ %	含杂率/ %
1	1 300	25	45	155.20	0.39	0.64
2	1 300	20	29	64.42	0.15	1.22
3	1 100	20	45	61.04	0.14	1.28
4	1 500	20	45	428.31	1.02	0.78
5	1 500	30	45	386.26	0.93	1.06
6	1 300	25	13	290.44	0.62	1.31
7	1 100	20	13	114.41	0.25	2.37
8	1 500	20	13	829.52	2.01	1.73
9	1 300	30	29	252.65	0.53	3.34
10	1 100	30	45	104.68	0.24	1.76
11	1 500	30	13	738.26	1.80	2.58
12	1 500	25	29	549.04	1.28	0.75
13	1 300	25	29	276.02	0.69	1.26
14	1 100	25	29	145.38	0.45	0.52
15	1 100	30	13	183.42	0.60	0.47
16	1 300	25	29	291.25	0.56	1.31

5.3.2 清选损失籽粒在筛尾的分布规律

对表 5.2 的结果进行分析,如表 5.3 所示。

表 5.3 清选性能响应面试验结果分析

Source	LogWorth		P 值
风机转速(1 100,1 500 r/min)	4.016		0.000 10
分风板 II 角度(13°,45°)	2.338		0.004 59
风机转速 * 分风板 II 角度	1.732		0.018 52
风机转速 * 风机转速	1.463		0.034 44
风机转速 * 鱼鳞筛开度	0.918		0.120 66
鱼鳞筛开度 * 鱼鳞筛开度	0.372		0.425 02
鱼鳞筛开度 * 分风板 II 角度	0.197		0.634 64
分风板 II 角度 * 分风板 II 角度	0.187		0.650 49
鱼鳞筛开度(20,30 mm)	0.046		0.899 10

由表 5.3 可以看出,运用风机转速和分风板 II 角度这两个工作参数能较为准确地反映清选损失率的变化趋势($P<0.05$)。为避免籽粒清选损失监测数学模型过于复杂,重点研究不同风机转速和分风板 II 角度下,清选损失籽粒在清选筛尾部的分布规律,为建立籽粒清选损失监测数学模型奠定基础。

5.3.2.1 籽粒清选损失总量与工作参数关系模型

由表 5.2 可归纳得到不同风机转速、不同分风板 II 角度组合下的籽粒清选损失总量,如表 5.4 所示。

表 5.4 不同工作参数下的籽粒清选损失总量

序号	风机转速/(r·min⁻¹)	分风板 II 角度/(°)	清选损失总量/g
1	1 100	13	114.41
2	1 100	29	145.38
3	1 100	45	104.68
4	1 300	13	290.44
5	1 300	29	276.02
6	1 300	45	155.20

续表

序号	风机转速/(r·min^{-1})	分风板Ⅱ角度/(°)	清选损失总量/g
7	1 500	13	738.26
8	1 500	29	549.04
9	1 500	45	428.31

由表 5.4 可以看出,不同工作参数组合下清选损失总量差异显著,其中,风机转速对籽粒清选损失有极显著的影响。运用表 5.4 所示的试验数据拟合出清选损失总量随风机转速、分风板Ⅱ角度变化的趋势,如图 5.5 所示。

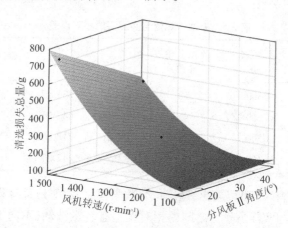

图 5.5　清选损失总量与风机转速、分风板Ⅱ角度之间的关系

由图 5.5 可以看出,随着风机转速的提高,籽粒清选损失总量迅速增大,经测算,随着风机转速的提高,籽粒清选损失总量的增加速率约为 0.75 g/(r·min^{-1});在风机转速不变的情况下,随着分风板Ⅱ角度的增大,籽粒清选损失总量呈下降趋势,经测算,随着分风板Ⅱ角度的增大,籽粒清选损失总量的下降速率约为 2.2 g/(°)。

为定量衡量籽粒清选损失随主要工作参数变化的规律,以风机转速、分风板Ⅱ角度为自变量,以试验测得的籽粒清选损失

总量为因变量,拟合出籽粒清选损失总量与风机转速、分风板 Ⅱ 角度之间关系的数学模型,如式(5-1)所示:

$$Loss = 1\,322 + 11.85x - 2.653y + 0.001\,582x^2 - 0.010\,83xy + 0.001\,366y^2 ,$$
$$R^2 = 0.998\,1 \tag{5-1}$$

式中,x 为分风板 Ⅱ 角度;y 为风机转速。

为验证所构建模型的准确度,另行安排了模型检验组,检验组试验步骤与表 5.4 涉及试验的步骤相一致。将用式(5-1)计算得出的理论值与模型检验组的实际测量值进行比较分析,得到数学模型计算值与籽粒清选损失实测值之间的相对误差,如表 5.5 所示。

表 5.5　模型计算值与实测值的相对误差

编号	风机转速/ $(r \cdot min^{-1})$	分风板 Ⅱ 角度/ (°)	实测值/g	计算值/g	相对误差/%
1	1 300	29	244.60	236.66	3.2
2	1 500	45	461.20	442.80	3.9
3	1 500	13	738.26	718.26	2.7
4	1 100	13	110.76	112.00	1.1

由表 5.5 可以看出,运用拟合数学模型式(5-1)计算得到的理论值与实际测量值之间的相对误差有轻微波动,不同工况下拟合数学模型的理论计算值与实际测量值之间的最大相对误差≤3.9%,这证明所构建的数学模型具有较高的准确度。

5.3.2.2　监测区域内籽粒清选损失量与工作参数关系模型

籽粒清选损失监测传感器安装位置处的籽粒分布是影响监测精度的关键因素,而靠近清选筛尾部的第一排接料盒处是籽粒清选损失监测传感器的安装位置,根据从此处接料盒内获取的籽粒清选损失量,得到不同工作参数下监测区域内的籽粒清选损失量,如表 5.6 所示。

表 5.6　不同工作参数下监测区域内的籽粒清选损失量

试验编号	试验料盒编号							损失量/g
	1	2	3	4	5	6	7	
01	1.4	4.2	2.96	2.78	3.04	1.44	1.3	17.12
02	2.06	1.64	2.1	4.9	6.02	5	4.02	25.74
03	2.28	1.06	1.52	1.8	1.88	0.48	2.52	11.54
04	6.94	8.38	9.88	7.96	3.84	7.54	3.32	47.86
05	6.18	4.84	5.4	13.1	10.64	9.52	3.6	53.28
06	2.2	1.8	2.8	3.8	6.00	4.6	6.4	27.6
07	18.26	16.6	20.72	20.8	18.44	12.76	14.1	121.68
08	6.46	6.6	10.78	18.02	15.88	8.36	12.74	78.84
09	14.2	9	12.4	8	13.6	11.8	15.2	84.2

　　由表 5.6 可以看出,大多数接料盒内的籽粒损失量差异较大。由于籽粒碰撞传感器敏感板产生的是能量信号,而能量信号需要一定时间才能完全衰减,过多的籽粒同时碰撞籽粒清选损失监测传感器会造成较大的监测误差,因此有必要分析清选损失籽粒量沿筛尾宽度方向的分布规律。利用表 5.6 所示试验数据,得到不同工作参数下各个接料盒内损失籽粒质量比例沿筛尾宽度方向的分布,如图 5.6 所示。

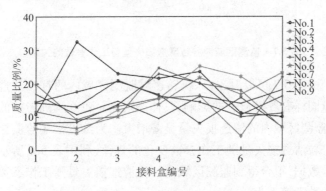

图 5.6　清选筛尾部清选损失籽粒质量分布

由图 5.6 可以看出,在清选筛尾部的宽度方向,4、5 号接料盒中损失的籽粒较多;其余接料盒的损失籽粒质量比例差别不大,总体分布较为均匀(个别接料盒除外)。此时,分布较为均匀的清选损失籽粒为籽粒清选损失监测传感器提供了一个有利的工作环境。由第 4 章可知,此时籽粒清选损失监测传感器能在很大程度上准确识别出饱满籽粒,从而能为清选系统自适应控制装置提供准确的籽粒清选损失信号。

为定量获知监测区域内籽粒清选损失量随工作参数变化的规律,利用表 5.6 所示的试验数据,拟合得到了监测区域内籽粒清选损失量随风机转速、分风板 Ⅱ 角度变化的趋势,如图 5.7 所示。

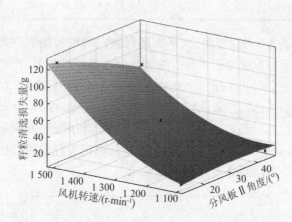

图 5.7　监测区域内籽粒清选损失量与工作参数的关系

由图 5.7 可以看出,风机转速对监测区域内的籽粒清选损失量同样有着极显著的影响,具体表现为:随着风机转速的提高,监测区域内的清选损失量显著增大。为定量描述监测区域内籽粒清选损失量随工作参数变化的规律,利用表 5.6 所示的试验数据,拟合得到监测区域内籽粒清选损失量随工作参数变化的数学模型为

$$f(x,y)=153.8+2.101x-0.339\ 3y-0.005\ 208x^2-0.001\ 645xy+0.000\ 186\ 4y^2$$

$$R^2 = 0.923\ 5 \tag{5-2}$$

式中，x 为分风板 II 角度；y 为风机转速。

　　为验证所构建模型的准确度，另行安排了模型检验组，检验组的试验步骤与表 5.6 涉及试验的步骤相一致。将用式（5-2）计算得出的理论值与模型检验组的实际测量值进行比较分析，得到两者之间的相对误差，如表 5.7 所示。

表 5.7　监测区域内模型计算值与实测值的相对误差

编号	风机转速/ (r · min⁻¹)	分风板 II 角度/ (°)	实测值/g	计算值/g	相对误差/%
2	1 300	29	46.98	44.6	5.0
3	1 500	45	78.21	74.4	4.8
8	1 500	13	121.76	117.2	3.7
15	1 100	13	17.28	18	4.2

　　由表 5.7 可以看出，在籽粒清选损失监测传感器安装区间内，模型计算值与实际测量值之间的相对误差有轻微波动，最大相对误差≤5.0%，这证明所构建的模型具有较高的准确度。

5.3.2.3　监测区域内籽粒清选损失分布概率

　　联合式（5-1）和式（5-2），得到监测区域内籽粒清选损失量与籽粒清选损失总量的比例，随工作参数变化的数学模型：

$$R(x,y) = \frac{153.8 + 2.101x - 0.339\ 3y - 0.005\ 208x^2 - 0.001\ 645xy + 0.000\ 186\ 4y^2}{1\ 322 + 11.85x - 2.653y + 0.001\ 582x^2 - 0.010\ 83xy + 0.001\ 366y^2}$$

$$\tag{5-3}$$

式中，x 为分风板 II 角度；y 为风机转速。

　　为验证所构建模型的准确度，另行安排了检验试验组。检验试验组的试验结果与用式（5-3）计算得出的理论值之间的相对误差如表 5.8 所示。

表 5.8　监测区域内实际比例与计算比例的相对误差

编号	风机转速/ (r · min^{-1})	分风板 Ⅱ 角度/ (°)	实际 比例	计算 比例	相对误差/%
2	1 300	29	0.182	0.188	3.20
3	1 500	45	0.170	0.168	1.10
8	1 500	13	0.165	0.163	1.20
15	1 100	13	0.156	0.160	2.56

　　由表 5.8 可以看出,由模型计算出的比例与实际比例的相对误差≤3.20%,证明了所构建的模型具有较高的准确度。不同工况下监测区域内籽粒清选损失量与籽粒清选损失总量的比例如图 5.8 所示。

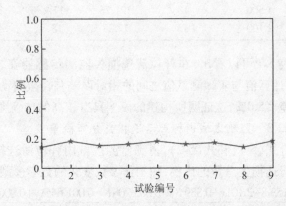

图 5.8　监测区域内籽粒清选损失量与籽粒清选损失总量的比例

　　由图 5.8 可以看出,监测区域内籽粒清选损失量与籽粒清选损失总量的比例波动很小,比例大致分布在 0.14～0.18 范围内。清选装置作业过程中,籽粒清选损失监测系统根据式(5-3)计算出的监测区域内籽粒清选损失量与籽粒清选损失总量之间的比例关系,再按照籽粒千粒质量把籽粒清选损失传感器测量值转换为当前籽粒清选损失总量,即可实现籽粒清选损失的实时监测。

5.3.2.4　籽粒清选损失监测传感器性能检验

为检验籽粒清选损失监测传感器的监测精度,将研制的籽粒清选损失监测传感器安装在清选装置上,安装尺寸如图 5.9 所示。其中,传感器宽度 $a = 120$ mm,长度 $b = 950$ mm,安装角度与地面呈 45°夹角,清选装置尾筛挡板最高点与传感器敏感板中心对称点的垂直距离为 150 mm,尾筛后端到传感器敏感板中心对称点的距离 x_0 为 250 mm。籽粒清选损失监测传感器在清选装置上的安装位置及试验过程如图 5.10 所示。

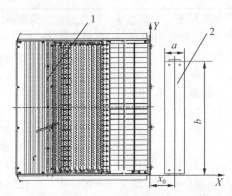

1—振动清选筛；2—籽粒清选损失监测传感器

图 5.9　籽粒清选损失监测传感器安装尺寸图

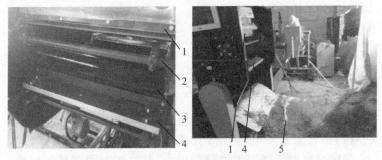

1—回程输送装置；2—回程输送驱动装置；3—振动筛尾筛；
4—籽粒清选损失监测传感器；5—油布

图 5.10　籽粒清选损失监测传感器的安装位置及试验过程

　　试验采用的物料与前述试验物料的来源一致,为同一地块、同一品种、同一收割时间的水稻脱出混合物。对籽粒清选损失监测器性能进行检测时,实时记录籽粒清选损失监测传感器的监测量。试验时清选装置喂入总量为 60 kg,平均喂入量约为 2.5 kg/s,监测区域籽粒清选损失量与籽粒清选损失总量之间的比例取 0.14,籽粒千粒质量为 30 g。

　　籽粒清选损失监测传感器性能检测试验结果见表 5.9。

表 5.9　籽粒清选损失监测传感器性能检测试验结果

编号	风机转速/(r·min⁻¹)	鱼鳞筛开度/mm	分风板Ⅱ角度/(°)	人工清选总损失量/g	传感器监测累积量/g	相对误差/%
1	1 300	25	45	164.00	22.12	3.66
2	1 300	20	29	41.04	5.61	2.36
3	1 100	20	45	64.50	8.80	2.55
4	1 500	20	45	593.40	78.79	5.16
5	1 500	30	45	363.60	48.31	5.09
6	1 300	25	13	314.60	42.27	4.03
7	1 100	20	13	46.36	6.33	2.47
8	1 500	20	13	936.02	122.64	6.41
9	1 300	30	29	183.92	24.79	3.72
10	1 100	30	45	134.00	18.19	3.04
11	1 500	30	13	846.00	112.26	5.22
12	1 500	25	29	529.40	71.32	3.77
13	1 300	25	29	321.50	43.07	4.31
14	1 100	25	29	139.02	18.83	3.25
15	1 100	30	13	198.52	26.73	3.82
16	1 300	25	29	321.50	42.95	4.58

　　由表 5.9 可以看出,不同工况下籽粒清选损失监测传感器的监测相对误差≤6.41%,在损失量较小时,监测相对误差较小,但随着籽粒清选损失总量的增大,监测相对误差持续增大。这是由于籽粒清选损失监测传感器的分辨能力有限,且清选作业过程中籽粒下落的密度不稳定,当籽粒下落密度瞬时较大时,

容易造成籽粒碰撞敏感板产生的信号被漏计。另外,损失籽粒沉降过程中短茎秆、籽粒间的阻挡也会增大籽粒损失监测相对误差。由以上试验结果可以看出,研制的籽粒清选损失监测装置基本可完成对清选作业过程中籽粒清选损失的实时监测。

5.3.3　粮箱籽粒含杂率与工作参数的关系

粮箱籽粒含杂率也是衡量清选装置性能的重要指标。调查发现,过高的粮箱籽粒含杂率会影响水稻出售价格,进而给农民带来直接的经济损失。按照国家标准规定,水稻籽粒含杂率应 ≤ 2.0%。由图 5.11 所示的粮箱含杂率分布区间及概率累加曲线可以看出,所设计的清选装置的粮箱籽粒含杂率在大多数工况下都小于 2%,满足国家标准的规定。与单风道清选装置的粮箱籽粒含杂率相比,研制的多风道清选装置的粮箱籽粒含杂率显著降低。

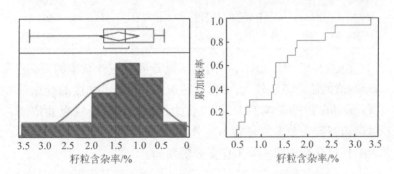

图 5.11　粮箱籽粒含杂率分布区间及概率累加曲线

利用表 5.2 所示的响应面试验结果,在 JMP12.0 软件中分析工作参数对籽粒含杂率的影响规律,并拟合相关数学模型来实时表征粮箱籽粒含杂率。籽粒含杂率响应面试验结果分析如表 5.10 所示。

由表 5.10 可以看出,在众多参数组合下仅有鱼鳞筛开度二次项的 P 值<0.05,因此可以认为鱼鳞筛开度是影响籽粒含杂率的主要工作参数,其他工作参数对籽粒含杂率的影响较为微弱。为更形象地揭示清选装置各工作参数对籽粒含杂率的影响程度

及其变化趋势,在JMP12.0软件中进一步分析得到了不同工作参数下粮箱籽粒含杂率预测曲线,如图5.13所示。其中,Desirability的值越接近于1,表示结果越令人满意;Desirability的值越接近于0,表示结果越令人不满意。

表5.10　籽粒含杂率响应面试验结果分析

Source	LogWorth		P 值
鱼鳞筛开度 * 鱼鳞筛开度	1.511		0.030 86
风机转速 * 鱼鳞筛开度	0.898		0.126 49
风机转速 * 风机转速	0.695		0.201 89
鱼鳞筛开度 * 分风板 Ⅱ 角度	0.651		0.223 22
风机转速 * 分风板 Ⅱ 角度	0.606		0.247 90
分风板 Ⅱ 角度(13°,45°)	0.603		0.249 41
鱼鳞筛开度(20,30 mm)	0.574		0.266 51
分风板 Ⅱ 角度 * 分风板 Ⅱ 角度	0.217		0.606 36
风机转速(1 100,1 500 r/min)	0.173		0.670 70

由图5.12可以看出,不同鱼鳞筛开度对应含杂率的Desirability值的波动范围较大,而风机转速及分风板 Ⅱ 角度的变化对Desirability值的影响不大,可以认为风机转速及分风板 Ⅱ 角度对粮箱籽粒含杂率的影响不显著,进一步印证了鱼鳞筛开度是影响籽粒含杂率的主要工作参数的判断。

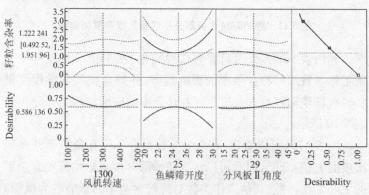

图5.12　籽粒含杂率预测曲线

5.4 籽粒清选损失多变量模糊控制器

5.4.1 多变量模糊控制规则

联合收获机在工作过程中是一个非线性时变且有大延时的复杂系统,工作部件的性能状态随作物性质、地面状况而变化,工作参数和控制参数也随时改变且无规律可循,影响清选性能的工作参数较多且工作参数之间具有一定的交互作用,清选性能指标与单一工作参数之间难以建立精确的数学模型,因此,很难用传统控制理论来达到较理想的控制效果。模糊控制技术不需要建立被控对象的精确数学模型,而是直接采用语言型控制规则实现对被控量的控制,使得控制机理和策略易于接受与理解,设计简单,便于应用。本节在分析试验数据的基础上设计多变量模糊控制器,通过调节工作参数达到籽粒清选损失控制的目的。

由于我国现阶段还没有研制出粮箱籽粒含杂率监测系统,无法实时获取粮箱籽粒含杂信号。通过以上研究籽粒含杂率与清选装置工作参数之间的关系发现,当鱼鳞筛开度为 25 mm 时,粮箱含杂率最低。因此,固定鱼鳞筛开度为 25 mm,以风机转速及分风板 II 角度为变量,研究清选装置工作参数控制策略,在保障籽粒含杂率达到国家标准规定(水稻≤2.0%)的前提下,使籽粒清选损失率≤0.5%。按照清选装置喂入量为 2.5 kg/s,籽粒清选损失率的临界值为 0.5% 来计算,则单位时间内的籽粒清选损失量为 12.5 g/s,按照籽粒千粒质量 30 g 计算,则清选损失的籽粒量约为 420 粒/s。按照传感器监测区域内损失籽粒质量所占比例为 0.14 计算,控制系统的控制阈值设为 6 粒/100 ms,若超过此数值则应该及时调整相关工作参数来降低籽粒清选损失。

为使清选装置的清选性能达到预期目标,在分析影响清选性能主要因素及其关联性的基础上可知,风机转速是影响籽粒清选损失的主要工作参数,因此把影响籽粒清选损失的工作参数分成两组:一组为风机转速,另一组为分风板 II 角度。

（1）当籽粒清选损失监测传感器实时监测到的籽粒清选损失瞬时超目标值过多时,应以调节风机转速为主,清选系统自适应控制装置快速反馈调节风机转速以使籽粒清选损失快速下降（粗调）,然后再适当调节分风板 II 角度使清选损失率达标（细调）。

（2）当检测到籽粒清选损失有小幅超标时,在不影响清选效率的前提下,清选系统自适应控制装置只调节分风板 II 角度。

（3）当检测到籽粒清选损失率≤0.5%时,可适当提高风机转速以保证清选效率。试验过程中以 10 Hz 的采样频率实时采集籽粒清选损失监测传感器的监测量。通过分析籽粒清选损失监测传感器在不同工况下记录的籽粒清选损失量时间序列,得到多风道清选装置籽粒清选损失变化的基本论域,如表 5.11 所示。

表 5.11　清选装置籽粒清选损失变化的基本论域

参数名称	偏差基本论域	偏差变化率基本论域
籽粒清选损失量	$[-12,+12]$,粒/100 ms	$[-100,+100]$,粒/s

为详细描述清选装置的籽粒清选损失变化程度,将籽粒清选损失偏差量 E 和偏差变化率 EC 的基本论域划分为 13 个等级,得到各偏差量及偏差变化率的模糊子集论域为$\{-6,-5,-4,-3,-2,-1,0,1,2,3,4,5,6\}$,每个等级对应的偏差变化范围如表 5.12 所示。对应的模糊语言变量集为$\{$负大（Negative Big）,负中（Negative Medium）,负小（Negative Small）,零（Zero）,正小（Positive Small）,正中（Positive Medium）,正大（Positive Big）$\}$七个词汇,英文缩写为$\{$NB,NM,NS,ZO,PS,PM,PB$\}$。偏差量对应的语言变量若为正,表明籽粒清选损失量高于允许值;若为负,则说明籽粒清选损失量低于允许值。

表 5.12　清选过程中籽粒清选损失量的量化表

量化等级	E 变化范围/（粒/100 ms）	EC 变化范围/（粒/s）
-6	<-12	<-100
-5	-12~-10	-100~-80
-4	-10~-8	-80~-60
-3	-8~-6	-60~-40
-2	-6~-4	-40~-20
-1	-4~-2	-20~-10
0	-2~+2	-10~10
1	+2~+4	10~20
2	+4~+6	20~40
3	+6~+8	40~60
4	+8~+10	60~80
5	+10~+12	80~100
6	>12	>100

　　确定模糊变量集和论域后,须对模糊语言变量确定隶属度,即对模糊语言变量赋值。本控制器采用控制反应迅速、计算相对简单的三角型分布作为隶属函数曲线,如图 5.13 所示。由图 5.13 可得到籽粒清选损失偏差量 E 和偏差变化率 EC 的隶属度函数赋值表。

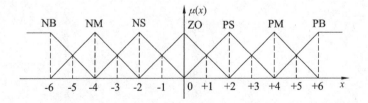

图 5.13　籽粒清选损失偏差量 E 和偏差变化率 EC 的隶属度函数

　　多变量模糊控制器的控制变量是风机转速及分风板 Ⅱ 角度,风机转速的调节范围为 1 100~1 500 r/min,分风板 Ⅱ 角度的调节范围为 13°~45°。清选试验结果表明,随着风机转速的提高,籽粒清选损失总量的增加速率约为 0.75 g/(r·min^{-1});随着分风板 Ⅱ 角度的增大,籽粒清选损失总量的下降速率约为 2.2 g/(°)。风机转速为 1 300 r/min、分风板 Ⅱ 角度为 29°时综合清选性能最佳,即此时籽粒清选损失总量及含杂率均较低。结合不同工况下的清选性能,且风机转速为 1 500 r/min 时籽粒损失较大,不利于获得较好的清选效果,因此,风机转速以 1 300 r/min 为中心的基本论域设为(-200~+100) r/min,其中,负号表示风机减速,正号表示风机加速;分风板 Ⅱ 角度以 29°为中心的基本论域设为(-6°~+12°),其中,负号表示分风板 Ⅱ 角度减小,正号表示分风板 Ⅱ 角度增大。风机转速及分风板 Ⅱ 角度变化量的量化表如表 5.13 所示。

表 5.13 清选过程中风机转速及分风板 Ⅱ 角度变化量的量化表

量化等级	风机转速/(r·min^{-1})	分风板 Ⅱ 角度/(°)
-6	-200	-6
-5	-165	-5
-4	-130	-4
-3	-100	-3
-2	-65	-2
-1	-32	-1
0	0	0
1	16	2
2	32	4
3	48	6
4	64	8
5	80	10
6	100	12

风机转速相应的输出模糊语言变量集定义为七个等级:{减速大,减速中,减速小,正常,加速小,加速中,加速大},记为{NB,NM,NS,ZO,PS,PM,PB}。采用图 5.14 所示的三角型分

布隶属函数进行模糊语言变量的赋值,得到风机转速变化量 U 的隶属度函数赋值表。分风板 Ⅱ 角度相应的输出模糊语言变量集的定义与风机转速相同。

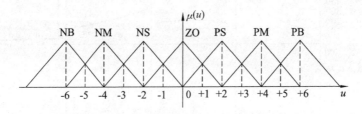

图 5.14 风机转速、分风板 Ⅱ 角度输出隶属度函数

根据清选装置主要工作参数和清选性能的关联性,建立多变量模糊控制器,以期获得较好的清选性能。籽粒清选损失总量随工作参数变化的预测曲线如图 5.15 所示,交互因素作用下籽粒清选损失总量的变化曲线如图 5.16 所示,以此为基础建立多变量模糊控制规则。在籽粒清选损失总量较小时,应适当提高风机转速以提高清选装置的清选效率。由于与分风板 Ⅱ 角度相比,风机转速是影响籽粒清选损失的主要工作参数,且籽粒清选损失总量与分风板 Ⅱ 角度呈负相关关系,本控制器设计时分风板 Ⅱ 角度变化的负区间偏差范围不参与模糊控制算法的编写。另外,还需考虑以下几个方面:① 工作参数调节的渐变性,以避免工作参数连续突变对控制器执行部件(如电动推杆、变频器)造成碰撞;② 在清选室内形成对应参数下的稳定气流场、准确反映该工况下清选性能所需的时间历程;③ 清选试验台的喂料量≤120 kg,清选装置连续作业时间有限。结合对大量台架试验数据的分析、归纳,以及工作参数对清选室内气流场分布的影响规律、不同点处气流变化对清选性能的影响规律,得到相应控制量模糊值。针对风机转速及分风板 Ⅱ 角度制定的模糊控制规则,分别如表 5.14 和表 5.15 所示。

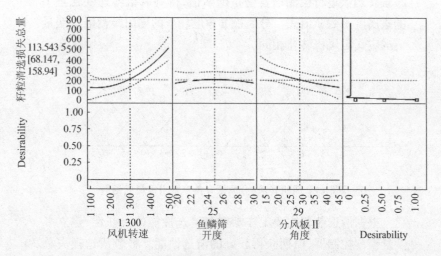

图 5.15　籽粒清选损失总量预测曲线

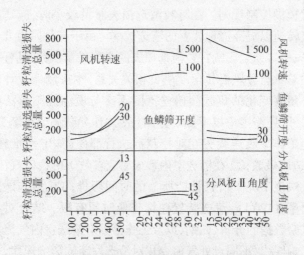

图 5.16　交互因素作用下籽粒清选损失总量的变化曲线

表 5.14　风机转速模糊控制规则表

U		EC						
		NB	NM	NS	ZO	PS	PM	PB
E	NB	PB	PB	PM	PS	NS	NS	ZO
	NM	PB	PM	PS	PS	NS	ZO	ZO
	NS	PM	PS	PS	PM	ZO	ZO	ZO
	ZO	PS	PS	ZO	ZO	NS	NS	NM
	PS	NS	NS	ZO	PS	NS	NM	NM
	PM	NS	ZO	ZO	NS	NM	NB	NB
	PB	ZO	ZO	PS	PM	NM	NB	NB

表 5.15　分风板 II 角度模糊控制规则表

U		EC						
		NB	NM	NS	ZO	PS	PM	PB
E	NB	ZO	ZO	ZO	ZO	PS	PS	ZO
	NM	ZO	ZO	ZO	ZO	PS	ZO	ZO
	NS	ZO	ZO	ZO	ZO	ZO	ZO	ZO
	ZO	ZO	ZO	ZO	ZO	ZO	PS	PS
	PS	PS	PS	ZO	PS	PS	PS	PM
	PM	PS	ZO	ZO	PS	PS	PM	PB
	PB	ZO	ZO	PS	PM	PM	PB	PB

5.4.2　多变量模糊控制器性能试验

5.4.2.1　籽粒清选损失控制系统工作流程简介

为验证所设计清选系统多变量模糊控制器的控制性能,根据表 5.14 和表 5.15 所示的多变量模糊控制规则,依据最大隶属度原则分别求得风机转速及分风板 II 角度模糊查询表,再分别乘以相应比例系数转换成 if-else 控制语句,并在研制的多风道清选装置控制系统中完成控制程序的编写。试验过程中,多风道清选装置控制系统实时采集籽粒清选损失监测传感器的监测值,系统以籽粒清选损失监测传感器监测到的籽粒清选损失量的偏差值及其偏差值的变化率为输入,通过在模糊控制器中进行模糊化及反模糊化运算,得到相关工作参数的精确控制量,再通过上位机与下位机之间的通信协议完成信息传递,驱动相关工作部件的调节机构,完成工作参数的自动调节和籽粒清选损失的控制。籽粒清选损失控制系统的工作流程如图 5.17 所示。

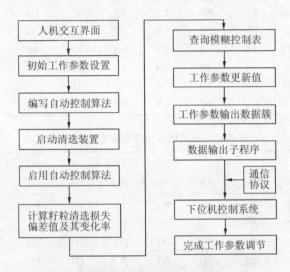

图 5.17 籽粒清选损失控制系统的工作流程

5.4.2.2 清选装置自适应控制系统的控制性能验证

通过对比未启用控制算法及启用控制算法后籽粒清选损失监测传感器监测到的籽粒损失变化情况,验证多变量模糊控制器的控制效果。其中,试验物料与前述试验物料的来源一致,为同一地块、同一品种的水稻脱出混合物,因此可基本忽略水稻品种、收获时间对控制性能的影响。利用电子秤称取 120 kg 脱出混合物填装在料箱内,通过多次试验调节出料口挡板长度,使脱出混合物的下落时间控制在 50 s 左右。在清选室内布置风速仪,用于监测各测点处气流速度的变化,以反映风机转速及分风板Ⅱ角度的变化。试验准备过程及风速仪布置如图 5.18 所示。

(a) 脱出混合物加料　　　　　(b) 风速仪布置实物图

图 5.18　多变量模糊控制器性能验证试验准备

　　清选装置初始工作条件:风机转速为 1 500 r/min,分风板 Ⅰ
角度为 26.5°,分风板 Ⅱ 角度为 13°,鱼鳞筛开度为 25 mm。试验
过程中多风道自适应清选装置首先在模糊控制器不被激活的状
态下进行清选作业,待清选室内充满试验物料、风速仪监测值稳
定时(大约需 10 s),激活风机转速及分风板 Ⅱ 角度"启用算法"
按钮,运行清选装置自适应控制算法直至清选过程结束。清选
试验过程中连续记录籽粒清选损失监测传感器的监测值,以便
分析模糊控制器的控制效果。脱出混合物清选试验过程如
图 5.19 所示。启用控制器前后籽粒清选损失量的变化
如图 5.20 所示。

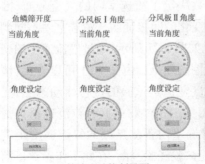 

(a) 算法启动控制界面　　　　　(b) 清选试验过程

图 5.19　多变量模糊控制器性能试验过程

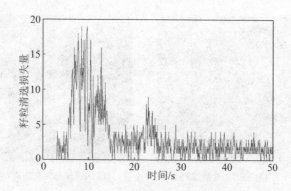

图 5.20　启用控制器前后籽粒清选损失量对比

由图 5.20 可以看出,在未激活多变量模糊控制器时,由于风机转速较高且分风板 Ⅱ 角度较小,此时风机上风道和筛尾的气流速度较大,导致大量籽粒被吹出清选室外造成清选损失,在前 10 s 范围内籽粒清选损失监测传感器监测到的籽粒清选损失量逐步增大,且籽粒清选损失量在不同时刻的波动较大。在第 10 s 激活风机转速及分风板 Ⅱ 角度"启用算法"按钮后,籽粒清选损失量呈逐步快速下降趋势。籽粒清选损失量稳定后,控制器控制风机转速增大以提高清选效率,在风机转速增大的过程中籽粒清选损失量又有所增大,最终在控制器的控制下籽粒清选损失量稳定在设定点附近,籽粒清选损失量有所降低。

清选装置的工作参数决定了清选室内的气流分布,因此气流场的变化是工作参数变化的间接证明。清选室内不同测点处前 20 s 的气流速度变化如图 5.21 所示,通过气流速度的变化来侧面表征清选装置性能控制效果。由图 5.21 可以看出,清选室内不同测点处的气流速度随清选试验的进行而动态变化,由此可以证明,清选装置的相关工作参数根据籽粒清选损失情况在动态调整。在 10 s 时清选室内各测点处的气流速度距离理想气流速度较远,根据前述试验经验判断,在此工作参数下清选装置的籽粒清选损失较大,需要调整相关工作参数以避免籽粒清选损失持续增大。在 10 s 时激活了控制算法,经过控制系统调整风机转速及分风板 II 角度后,在 15 s 时清选室内气流速度迅速大幅度降低,第 20 s 时清选室内气流速度分布接近理想气流速度分布。

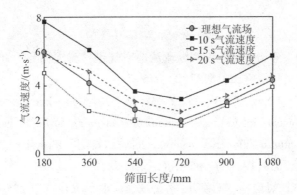

图 5.21　前 20 s 清选室内不同测点处气流速度的变化情况

为评判使用控制器后清选装置的实际作业性能,搜集油布上的清选排出物,用 AGR-3 小型物料清选风机吹出其中的杂余及短茎秆,计算得到启用控制算法后的籽粒清选损失率为 0.53%。由表 5.2 可知,在清选装置未使用控制算法时,采用与本试验初始工作参数组合相近的工作条件,即风机转速为 1 500 r/min,分风板 I 角度为 26.5°,分风板 II 角度为 13°~45°,鱼鳞筛开度为 20~30 mm 时,籽粒清选损失率范围为 0.93%~2.01%。对比可知,使用控制器后籽粒清选损失率显著降低。

参考文献

［1］李方,李耀明.切纵流清选室气道气流优化与仿真研究
［J］.农机化研究,2015,37(2):75-78.

［2］Liang Z W, Li Y M, de Baerdemaeker J, et al.
Development and testing of a multi-duct cleaning device for tangential-longitudinal flow rice combine harvesters［J］.Biosystems Engineering,2019,182(3):95-106.

［3］刘艳艳,李耀明,徐立章,等.水稻悬浮速度试验研究
［J］.农机化研究,2010(2):149-151,155.

［4］赵杰文,吴守一.谷物流化床基本特性的研究［J］.农业
机械学报,1989,6(2):16-24.

［5］Miu P.Combine harvesters' theory, modeling, and design
［M］.New York:CRC Press,2015.

［6］赵晓根,塔娜,赵卫东.垂直管内谷物流动特性的测试
分析［J］.内蒙古师大学报(自然汉文版),2007,36(3):304-
307.

［7］闻建龙,赵松峰,张星,等.多孔介质内原油渗流模型及
数值计算［J］.石油机械,2011,39(8):33-36.

［8］李双喜,王为伟,史金鑫.端面刷式密封性能分析［J］.
流体机械,2012,40 (6):45-50.

［9］王曼,周水清,张生昌.多孔介质模型在多翼离心风机
结构优化的应用［J］.风机技术,2017,59(5):65-70.

［10］Gebrehiwot M G,de Baerdemaeker J,Baelmans M.Effect
of a cross-flow opening on the performance of a centrifugal fan in a
combine harvester:computational and experimental study［J］.Bio-

systems Engineering,2009,105(2):247-256.

[11] 韩占忠,王敬,兰小平.FLUENT:流体工程仿真计算实例与应用[M].北京:北京理工大学出版社,2004.

[12] 李洪昌,李耀明,徐立章,等.风筛式清选装置气流场的数值模拟与分析[J].江苏大学学报(自然科学版),2010,31(4):378-382.

[13] 中国农业机械化科学研究院.农业机械设计手册:下册[M].北京:中国农业科学技术出版社,2007.

[14] Kergourlay G, Kouidri S, Rankin G W, et al. Experimental investigation of the 3D unsteady flow field down stream of axial fans[J]. Flow Measurement and Instrumentation, 2006,17(5):303-314.

[15] Yedidiah S.A study in the use of CFD in the design of centrifugal pump[J]. Engineering Applications of Computational Fluid Mechanics,2008,2(3):331-343.

[16] Zhang M J,Pomfret M J,Wong C M.Three-dimensional viscous flow simulation in a backswept centrifugal impeller at the design point[J].Computers and Fluids,1996,25(5):497-507.

[17] 梁振伟,李耀明,周全,等.基于 ε-SVR 的风筛式清选装置清选性能预测研究[J].农机化研究,2018,40(4):26-30,36.

[18] Liang Z W, Xu L Z, de Baerdemaeker J, et al. Optimisation of a multi-duct cleaning device for rice combine harvesters utilising CFD and experiments[J].Biosystems Engineering, 2020,190:25-40.

[19] Liang Z W,Li D P,Li J,et al.Effects of fan volute structure on airflow characteristics in rice combine harvesters[J]. Spanish Journal of Agriculture Research,2020,18(4):1-16.

[20] 梁振伟,李耀明,马培培,等.纵轴流联合收获机清选装置结构优化与试验[J].农机化研究,2018,40(5):170-174.

［21］Li Y, Xu L Z, Zhou Y, et al. Effects of throughput and operating parameters on cleaning performance in air-and-screen cleaning unit: a computational and Experimental study ［J］. Computers and Electronics in Agriculture, 2018, 152: 141-148.

［22］Xu L Z, Hansen A C, Li Y M, et al. Numerical and experimental analysis of airflow in a multi-duct cleaning system for a rice combine harvester［J］. Transactions of the ASABE, 2016, 59 (5): 1101-1110.

［23］Xu L Z, Li Y, Chai X Y, et al. Numerical simulation of gas-solid two-phase flow to predict the cleaning performance of rice combine harvesters［J］. Biosystems Engineering, 2020, 190 (4): 11-24.

［24］李洋,徐立章,梁振伟.双出风口四风道清选装置内部气流场仿真及试验［J］.农机化研究,2018,40(7):7-12.

［25］徐泳,李艳洁,李红艳.离散元法在农业机械化中应用评述［J］.农机化究,2004(5):26-30.

［26］胡国明.颗粒系统的离散元素法分析仿真——离散元素法的工业应用与 EDEM 简介［M］.武汉:武汉理工大学出版社,2010.

［27］王芬娥,曹新惠,郭维俊,等.联合收获机主驾驶座振动强度及其频率结构试验［J］.农业机械学报,2007,38(4):61-65.

［28］吴恒亮,代会军.橡胶隔振器设计开发研究［J］.噪声与振动控制,2009,29(1):114-116,121.

［29］潘孝勇,上官文斌,柴国钟,等.橡胶隔振器动态特性计算方法的研究［J］.振动工程学报,2009,22(4):345-351.

［30］黄席椿,高顺泉.滤波器综合法设计原理［M］.北京:人民邮电出版社,1978.

［31］周俊,周国祥,苗玉彬,等.悬臂梁冲量式谷物质量流量传感器阻尼设计［J］.农业机械学报,2005,36(11):121-123.

[32] Nakra B C. Vibration control in machines and structures using viscoelastic damping[J]. Journal of Sound and Vibration, 1998,211(3): 449-466.

[33] Huang S C, Inman D J, Austin E M. Some design considerations for active and passive constrained layer damping treatments[J]. Smart Materials and Structures, 1996, 5(3): 301-313.

[34] Stanway R, Rongong J A, Sims N D. Active constrained-layer damping: a state-of-the-art review[J]. Journal of Systems and Control Engineering, 2003, 217(6): 437-456.

[35] Karim K R, Chen G D. Surface damping effect of anchored constrained viscoelastic layers on the flexural response of simply supported structures[J]. Mechanical Systems and Signal Processing, 2012, 27: 419-432.

[36] Marcelin J L, Trompette P, Smati A. Optimal constrained layer damping with partial coverage[J]. Finite Elements in Analysis and Design, 1992, 12(3-4): 273-280.

[37] de Lima A M G, Rade D A, Lacerda H B, et al. An investigation of the self-heating phenomenon in viscoelastic materials subjected to cyclic loadings accounting for prestress[J]. Mechanical Systems and Signal Processing, 2015, 58-59: 115-127.

[38] Aenllea M L, Brinckerb R. Modal scaling in operational modal analysis using a finite element model [J]. International Journal of Mechanical Sciences, 2013, 76(11): 86-101.

[39] Liu Y C, Gary G. Effects of wall thickness and geometric shape on thin-walled parts structural performance [J]. Thin-Walled Structures, 2011, 49(1): 223-231.

[40] Wang G, Veeramani S, Wereley N M. Analysis of sandwich plates with isotropic face plate sand a viscoelastic core [J]. Journal of Vibration and Acoustics, 2000, 122: 305-312.

[41] 黄炎.弹性薄板理论[M].长沙：国防科技大学出版社,1992.

[42] 张英世,刘宗德.矩形薄板的横向振动[J].工程力学,1997(A01)：515-518.

[43] 梁鲁,刘明辉,张静,等.附加约束阻尼层对星箭系统动特性的影响分析[J].应用力学学报,2007,24(4)：669-673.

[44] 冯宇晨,詹浩,唐斯密.基于模态分析的局部约束阻尼减振设计[J].舰船科学技术,2011(11)：22-26.

[45] 丁国芳,石耀刚,张长生,等.丁基橡胶阻尼材料阻尼行为的研究[J].功能材料,2004,35(z1)：2233-2236

[46] Chen B Y,Ma G F,Yan H Z.Study on the damping property of butyl rubber[J].World Rubber Industry,2005,32(2)：31-33.

[47] 陈坤杰,徐伟梁.含水率对稻谷机械特性的影响[J].农业机械学报,2005,36(11)：171-175.

[48] Nalladurai K,Gayathri P,Alagusundaram K.Effect of variety and moisture content on the engineering properties of paddy and rice[J].Agricultural Mechanization in Asia,Africa and Latin America,2003,34(2)：47-52.

[49] Oje K,Alonge A F,Adigun Y J.Variation of physical properties of melon seeds at their different moisture levels[J].Journal of Food Science and Technology,1999,36(1)：42-45.

[50] 李耀明,陈义,赵湛,等.联合收获机清选损失监测方法与装置[J].农业机械学报,2013,44(s2)：7-11.

[51] Liang Z W.Selecting the proper material for a grain loss sensor and structure optimization to improve its monitoring ability[J].Precision Agriculture,2020,22(4)：1120-1133.

[52] Liang Z W,Li Y M,Xu L Z,et al.Optimum design of an array structure for the grain loss sensor to upgrade its resolution for harvesting rice in a combine harvester[J].Biosystems Engineering,

2017,157: 24-34.

[53] Liang Z W,Li Y M,Xu L Z,et al.Sensor for monitoring rice grain sieve losses in combine harvesters[J].Biosystems Engineering,2016,147(1): 51-66.

[54] Liang Z W, Li Y M, Zhao Z, et al. Optimum design of grain sieve losses monitoring sensor utilizing partial constrained viscoelastic layer damping(PCLD)treatment[J].Sensors and Actuators A: Physical,2015,233: 71-82.

[55] Liang Z W,Li Y M,Zhao Z,et al.Structure optimization of a grain impact piezoelectric sensor and its application for monitoring separation losses on tangential-axial combine harvesters[J]. Sensors,2015,15(1): 1496-1517.

[56] Zhao Z,Li Y M,Liang Z W,et al.DEM simulation and physical testing of rice seed impact against a grain loss sensor[J]. Biosystems Engineering,2013,116(4): 410-419.

[57] Zhao Z, Li Y M, Liang Z W, et al. Optimum design of grain impact sensor utilising polyvinylidene fluoride films and a floating raft damping structure[J]. Biosystems Engineering, 2012, 112(3): 227-235.

[58] Xu L Z,Liang Z W,Wei C C,et al.Vibration suppression and isolation for rapeseed grain cleaning loss sensor[J].Journal of Sensors,2019,2019: 1-8.

[59] Xu L Z,Wei C C,Liang Z W,et al.Development of rapeseed cleaning loss monitoring system and experiments in a combine harvester[J].Biosystems Engineering,2019,178: 118-130.

[60] 梁振伟,李耀明,赵湛.联合收获机籽粒清选损失监测数学模型研究[J].农业机械学报,2015,46(1): 106-111.

[61] 梁振伟,李耀明,赵湛,等.籽粒损失监测传感器敏感板局部约束阻尼设计[J].农业机械学报,2014,45(8): 106-111.

［62］梁振伟,李耀明,赵湛.纵轴流联合收获机籽粒夹带损失监测方法及传感器研制［J］.农业工程学报,2014,30(3):18-26.

［63］李耀明,梁振伟,赵湛.籽粒损失监测传感器敏感板振动特性分析及试验［J］.农业机械学报,2013,44(10):104-111.

［64］梁振伟,李耀明,赵湛,等.基于模态分析的联合收获机籽粒损失监测传感器结构优化与试验［J］.农业工程学报,2013,29(4):22-29.

［65］Liang Z W,Li Y M,Zhao Z,et al.Monitoring method of separation loss in tangential-axial combine harvester［J］.Transactions of the Chinese Society of Agricultural Engineering,2012,28(s2):179-183.

［66］李耀明,梁振伟,赵湛,等.联合收获机籽粒损失监测传感器性能标定试验［J］.农业机械学报,2012,43(s1):79-83.

［67］李耀明,梁振伟,赵湛,等.联合收获机谷物损失实时监测系统研究［J］.农业机械学报,2011,42(s1):99-102.

［68］Tang Z,Li Y M,Liang Z W.Optimal parameters prediction and control of rice thre-shing for longitudinal axial thre-shing apparatus［J］.Transactions of the Chinese Society of Agricultural Engineering,2016,32(22):70-76.

［69］赵湛,李耀明,梁振伟,等.基于振动模态分析的籽粒检测传感器结构优化设计［J］.农业机械学报,2011,42(s1):103-106.

［70］Goos P,Jones B.Optimal design of experiments:a case study approach［M］.Wiley,2011.

［71］席爱民.模糊控制技术［M］.西安:西安电子科技大学出版社,2008.

［72］科瓦稀奇,波格丹.模糊控制器设计理论与应用［M］.胡玉玲,张立权,刘艳军,等译.北京:机械工业出版社,2010.

［73］Liang Z W,Li Y M,Xu L Z.Grain sieve loss fuzzy

control system in rice combine harvesters [J]. Applied Sciences, 2018,9(1): 114.

[74] Craessaerts G, Wouter S, Bart M, et al. Fuzzy control of the cleaning process on a combine harvester [J]. Biosystems Engineering,2010,106(2): 103-111.

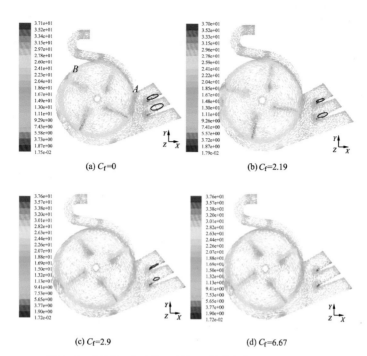

(a) $C_f=0$ (b) $C_f=2.19$

(c) $C_f=2.9$ (d) $C_f=6.67$

图 2.17 不同阻力系数下风机 I 的内部气流速度矢量图

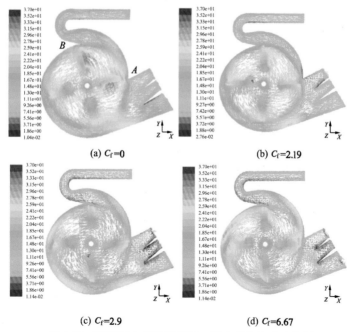

(a) $C_f=0$ (b) $C_f=2.19$

(c) $C_f=2.9$ (d) $C_f=6.67$

图 2.20 不同阻力系数下风机 II 的内部气流速度矢量图

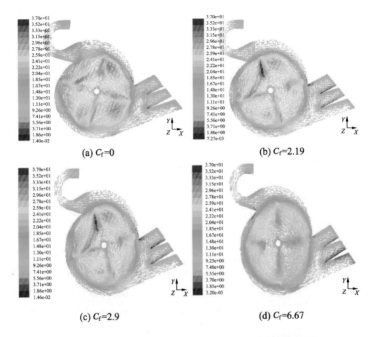

(a) $C_f=0$ (b) $C_f=2.19$

(c) $C_f=2.9$ (d) $C_f=6.67$

图 2.23 不同阻力系数下风机Ⅲ的内部气流速度矢量图

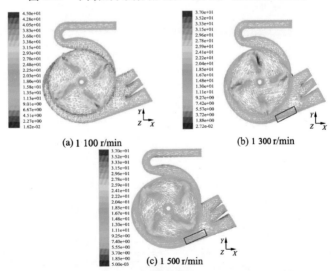

(a) 1 100 r/min   (b) 1 300 r/min

(c) 1 500 r/min

图 2.31 不同风机转速下风机内部气流速度矢量图

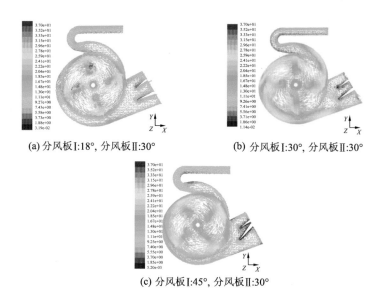

(a) 分风板I:18°，分风板II:30°　　　　(b) 分风板I:30°，分风板II:30°

(c) 分风板I:45°，分风板II:30°

图2.33　风机内部气流场随分风板 I 角度变化的情况

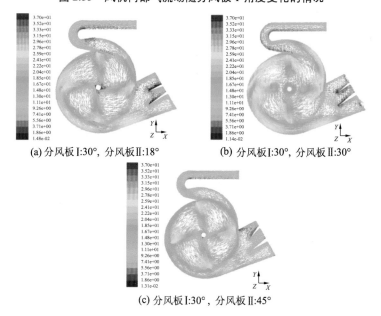

(a) 分风板I:30°，分风板II:18°　　　　(b) 分风板I:30°，分风板II:30°

(c) 分风板I:30°，分风板II:45°

图2.35　风机内部气流场随分风板 II 角度变化的情况

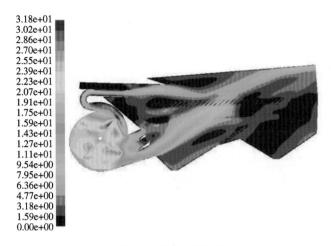

图 3.5　清选室内部气流速度分布云图

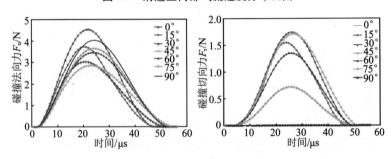

图 4.9　碰撞过程中籽粒受到的法向 F_n、切向力 F_τ 的变化过程

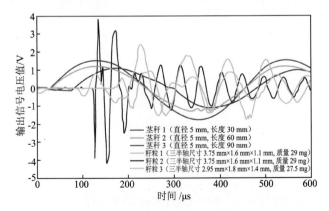

图 4.17　籽粒、不同长度茎秆碰撞敏感板的输出信号特征

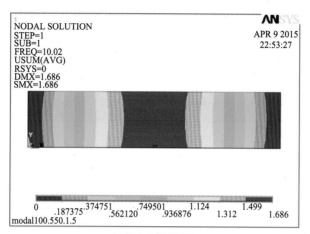

(a) 第 1 阶模态振型

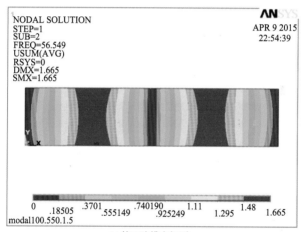

(b) 第 2 阶模态振型

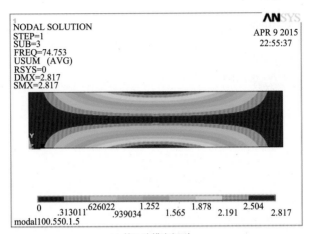

(c) 第 3 阶模态振型

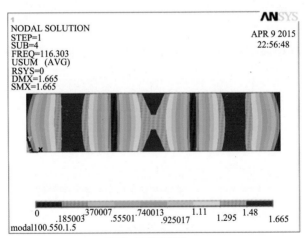

(d) 第 4 阶模态振型

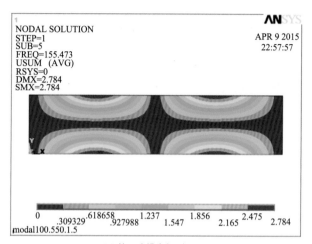

(e) 第 5 阶模态振型

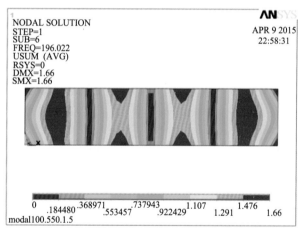

(f) 第 6 阶模态振型

图 4.24 敏感板的前 6 阶模态振型等值线云图

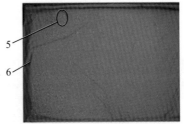

1—分离装置；2—凹板；3—振动筛；4—接料盒；5—籽粒；6—试验布

图 4.27 接料盒布置形式及收集的清选室抛出混合物

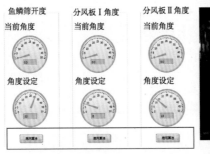

(a) 算法启动控制界面　　　(b) 清选试验过程

图 5.19 多变量模糊控制器性能试验过程